INFO ABOUT RIGHTS

1 705072 260411

ISBN-13: 978-1546554738

ISBN-10: 1546554734

Manual de
AUTOEVALUACIÓN
Electrotecnia

Exámenes, problemas, prácticos y test

Ing. Miguel D'Addario

Primera edición
2017
CE

Índice

Autor

Ingeniero industrial (UNC), Técnico superior en equipos industriales, mantenimiento y gestión. E instructor de AutoCAD, 3D y modelado. Ha publicado una centena de libros, en su mayoría técnicos educativos para todos los niveles.

Sus libros están distribuidos en los cinco Continentes, son de consulta asidua en Bibliotecas del mundo, y se encuentran inscritos en los catálogos, ISBNs y bases bibliográficas Internacionales.

Son traducidos a múltiples idiomas y pueden encontrarse en los bookstores internacionales, tanto en formato papel como en versión electrónica.

Webs donde conocer y/o adquirir otras obras del autor:

http://migueldaddariobooks.blogspot.com

https://www.amazon.com/Miguel-DAddario

https://www.createspace.com/pubMiguelDAddario

Introducción

La electrotecnia es la ciencia encargada de estudiar la aplicación técnica de la electricidad así como del magnetismo.

El origen del término electrotecnia viene de electro y techne, es decir, la tecnología en la electricidad. El concepto pues abarca un amplio abanico de campos, entre los que se incluyen los sistemas de iluminación, motores eléctricos, robótica y contactos.

Las áreas de desempeño son:

• Producción de energía eléctrica: diseñar, instalar y mantener sistemas de producción de energía eléctrica con base en fuentes energéticas hidráulicas, térmicas y no convencionales.

• Transporte de energía eléctrica: diseñar, instalar y mantener sistemas de transformación, transmisión y distribución de energía eléctrica.

• Análisis de sistemas eléctricos: evaluar y desarrollar técnicas de análisis con base en modelos de los sistemas y equipos que intervienen en la producción, consumo, transporte y legislación del uso de la Energía Eléctrica.

• Control, protección y medición de sistemas eléctricos: diseñar, aplicar, evaluar, mantener e instalar los sistemas y equipos que intervienen el control, protección y medición de la producción, consumo, transporte y legislación del uso de la energía eléctrica.

• Consumo (carga, demanda) y comercialización de energía eléctrica: caracterizar, modelar, simular, analizar y diseñar el comportamiento de los procesos de consumo de energía eléctrica y su comercialización.

En este compendio se tratan únicamente exámenes, autoevaluaciones, problemas, ejercicios y tests relacionados con la electrotécnica y afines. Ideal para el profesional, ingeniero, técnico, estudiante y amateur. Para repasar y realizar los ejercicios examinatorios.

Autoevaluaciones

1) Ley De Coulomb y conversión de unidades
Elige y resuelve 1 de los 4 ejercicios siguientes:

1. Un cuerpo tiene un exceso de 2,5 • 104 electrones. ¿Qué carga posee en culombios?

2. Calcula la fuerza con que se repelen dos cargas puntuales de +10 • 10-5 y 2 • 10-6 C, separadas 20 cm, por aire.

3. Calcula la cantidad de electrones que posee en exceso una esfera cargada con -10C?

4. Completa la siguiente tabla:

kV	V	mV	μV
35			
	$8*10^{-3}$		
			$6*10^{5}$
		0,009	

2) Resistividad y conductividad

Elige y resuelve 1 de los 3 ejercicios siguientes:

1. ¿A qué temperatura tiene el aluminio una resistividad de 0,03 $\Omega \cdot$ mm^2/m?

2. Calcula la longitud de un conductor de cobre arrollado en una bobina, si su resistencia es de 200 Ω y el diámetro de 0,1 mm

3. La resistencia del devanado de cobre de un motor es de 0,05Ω a 20°C.

Después de estar funcionando el motor, se calienta y su resistencia aumenta a 0,059 Ω. Calcula la temperatura final del devanado del motor.

---

3) Condensadores

Elige y resuelve 1 de los 4 ejercicios siguientes:

1. Calcular la energía almacenada por dos condensadores de 10 y 20 µF colocados en serie en una red de 48 V.

2. Un condensador variable se carga a 100 V cuando su capacidad es 10-11 F, ¿qué tensión tendrá entre placas al aumentar 10 veces su capacidad? Calcula también la energía inicial y final del condensador.

3. Dos condensadores asociados en serie tienen una capacidad de 0,09 µF. Asociados en paralelo tienen 1 µF. ¿Cuál es la capacidad de cada uno?

4. Un condensador plano ha de construirse utilizando como dieléctrico ebonita, que tiene un coeficiente dieléctrico 3 y una rigidez dieléctrica de 2.105 V/cm. Se quiere que el condensador tenga una capacidad de 0,15 µF y que pueda soportar una diferencia de potencial máxima de 6.000 V.

¿Cuál es el área mínima que han de tener las láminas del condensador?

4) Corriente eléctrica

Elige y resuelve 1 de los 3 ejercicios siguientes:

1. Calcula la intensidad de corriente que ha fluido por un conductor si en 3 minutos y 20 segundos se han trasladado 12,6.1019 electrones.

2. ¿Qué cantidad de electricidad circula por un conductor de 6 mm^2 en 2 horas si la intensidad de corriente que circula por él es de 4 A?
Calcula también la densidad de corriente.

3. Indica un ejemplo de cada uno de los efectos conocidos de la corriente eléctrica:

Efecto químico	
Efecto térmico	
Efecto magnético	
Efecto luminoso	

5) Resuelve los siguientes problemas varios ítems

1. Se quiere fabricar una estufa con hilo de un material denominado manganina de 0,3 mm de diámetro y resistividad 0,43 $\Omega.mm^2/m$ de forma que conectado a una batería de 220 V consuma 4 A. Calcula la resistencia del calefactor y la longitud de hilo necesaria

2. Con un horno eléctrico se pretende elevar de 17,2 °C a 100 °C la temperatura de 1000 gramos de agua en 5 minutos. Calcula la potencia, la resistencia y la intensidad en el horno, si la tensión de uso es de 230 V.

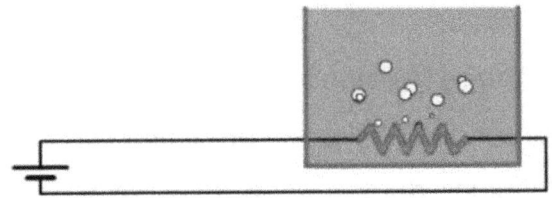

3. Calcula la sección mínima de los conductores de cobre que alimenten con una batería de 25 V una carga situada a 25 m de distancia (50 m de conductor) que absorbe 2 A para que la caída de tensión máxima en la línea sea del 2% de la tensión de alimentación.

4. Por un conductor de 4 mm2 de sección y 80 metros de longitud circula una intensidad de 14 A. Calcular la caída de tensión en el conductor si es de aluminio. (ρAl = 0,02857 Ω.mm^2/m).

5. Una bombilla de 60W/24V se conecta a 12 V. Calcula la potencia que consume la bombilla a esa tensión, sabiendo que su resistencia es la misma que cuando se conecta a 24 V.

6. Ejercicio de examen oficial de electrotecnia. La placa de una cocina eléctrica consume una potencia de 2,5 KW a una tensión de 230V.

Calcular:

a) La intensidad

b) El valor de la resistencia

c) La energía eléctrica que consumirá (en KWh) en un mes, si funciona durante 2 horas al día.

d) A qué tensión habrá que conectarla para que su potencia sea la mitad

6) Problemas circuitos varios

1. Resistencia equivalente

Calcula R_3 si la resistencia total vale 30 Ω.

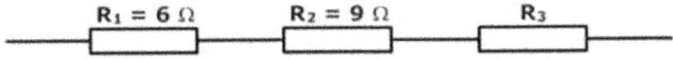

2. Calcula R_2 para que la resistencia total valga 5 Ω.

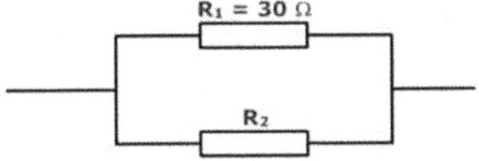

3. Calcula la resistencia equivalente.

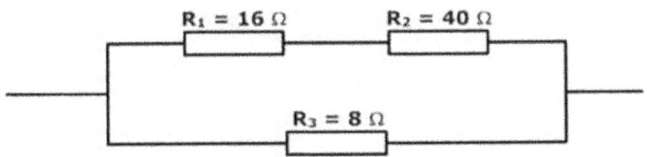

4. Calcula R_6 para que Rt valga 15 Ω.

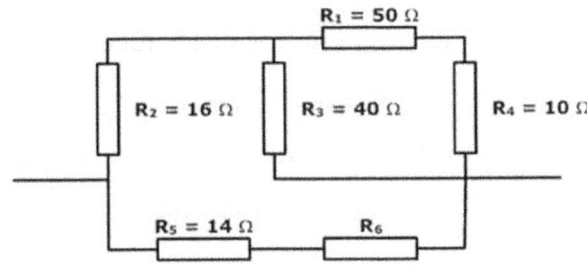

7) Resolución de circuitos en c.c.

1. Tres lámparas de 10W, 15W y 20W se conectan en paralelo a una batería de 10V. Calcula la resistencia equivalente, la intensidad total y la intensidad que circula por cada una de ellas.

2. Calcula la potencia consumida por cada resistencia (Px =Vx·Ix) y la energía total consumida durante 1 hora por el circuito.

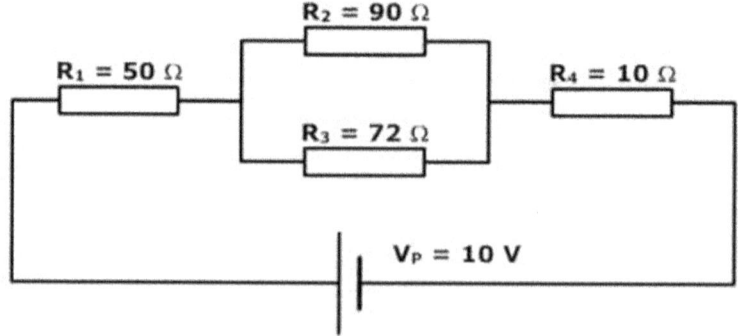

3. Ejercicio aparecido en el examen de electrotecnia de junio del 2015. En el circuito de la figura calcula:

    a) La resistencia total equivalente.

    b) La lectura de los amperímetros A, A_1, y A_2.

    c) La lectura de los voltímetros V_{bc} y V_{dc}.

    d) La potencia total del circuito.

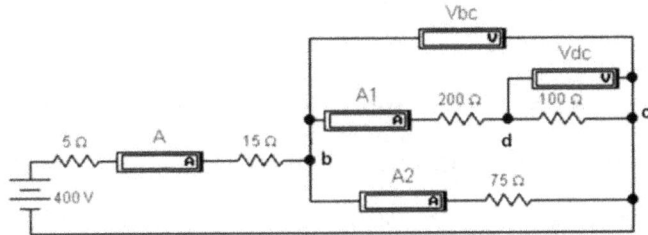

4. Ejercicio de examen oficial de electrotecnia.

Calculad las intensidades del circuito de la figura 1, e indicad el sentido correcto de las mismas.

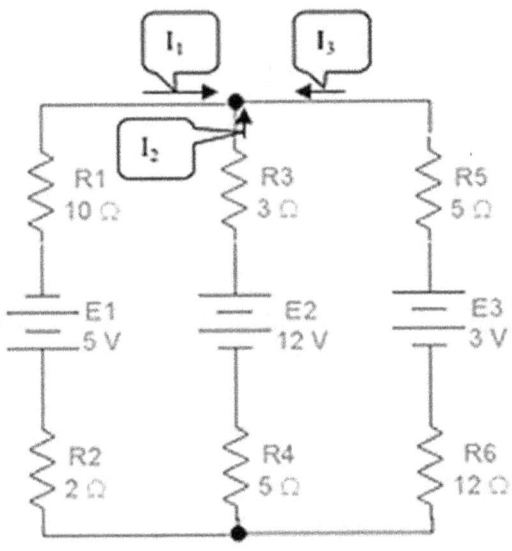

Figura 1

8) Problemas sobre magnetismo

1. Halla el flujo magnético que atraviesa una ventana cuadrada de 1 dm de lado si la inducción es constante de 600 µ T perpendicular a la superficie de la ventana.

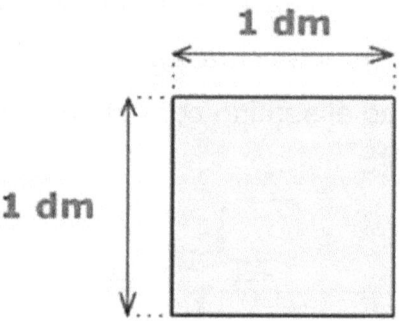

2. Calcula la inducción magnética en el centro de un círculo de 20 cm de diámetro si el flujo a través de dicho círculo es de 7 mWb, constante y perpendicular a la superficie.

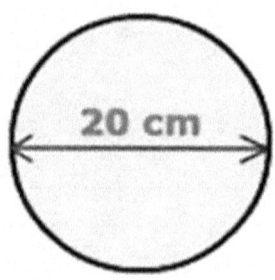

3. Una espira de 4 cm de radio es recorrida por una corriente de 1 A. Halla la inducción en su centro.

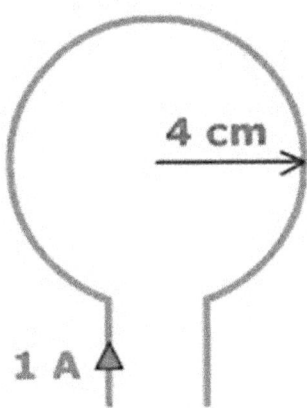

4. Calcula la intensidad necesaria para provocar una inducción de 40 µT a una distancia de 2 cm de un hilo conductor rectilíneo. ¿A qué distancia del eje del hilo se tiene una inducción de 16 µT?

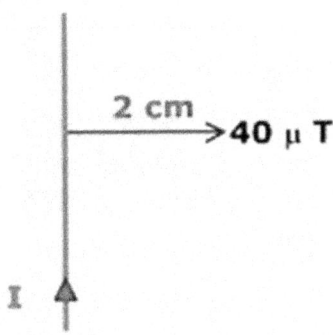

5. ¿Qué diámetro ha de tener una espira para producir 10^{-5} T en su centro al circular 125 mA?

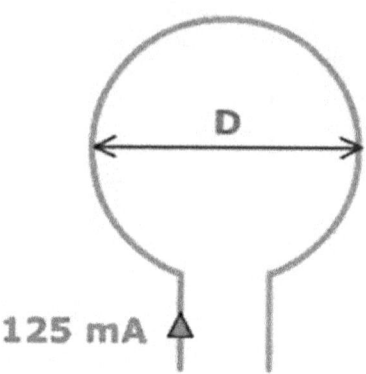

6. Un solenoide bobinado apretadamente tiene una longitud de 40 cm y transporta una intensidad de 2,5 A.

¿Cuántas espiras tiene si la inducción magnética en el centro del solenoide es de $1,26 \cdot 10^{-4}$ wb/m^2?

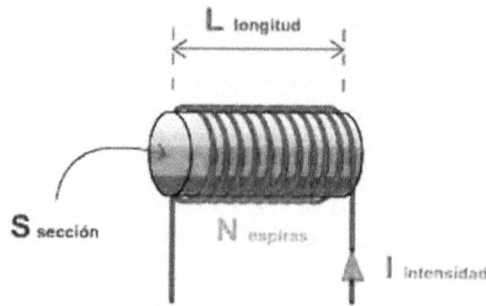

7. Halla la fuerza sobre un conductor de 25 cm de longitud por el que circulan 2 A, cuando se le somete a un campo magnético perpendicular de 4 T.

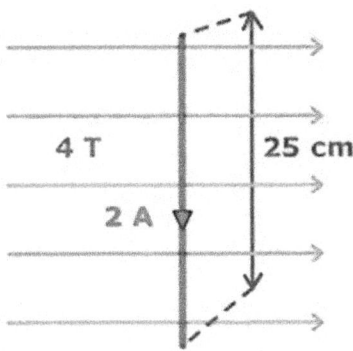

8. Un conductor se desplaza a una velocidad lineal de 2 m/s perpendicularmente a un campo magnético fijo de 1,5 T de inducción. Determina la f.e.m. inducida en el mismo si posee una longitud de 30 cm.

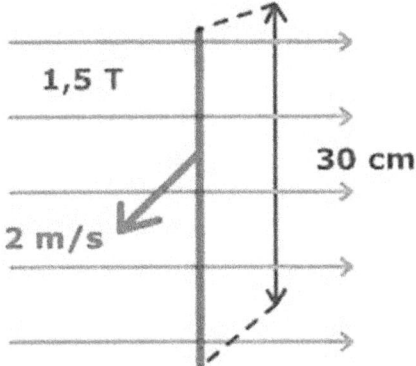

9. Se dispone de dos bobinas de 6 mH y 3 mH respectivamente conectadas en paralelo y en serie con una tercera bobina de 10 mH. Halla el coeficiente de autoinducción total.

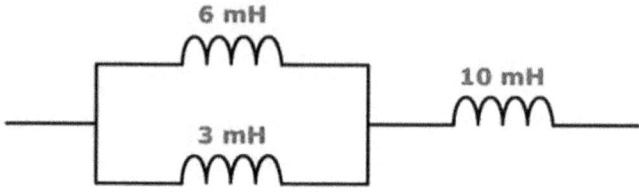

10. Una bobina tiene una fuerza magnetomotriz de 400 Av y una reluctancia de $2 \cdot 10^6$ Av/Wb. Calcula su flujo.

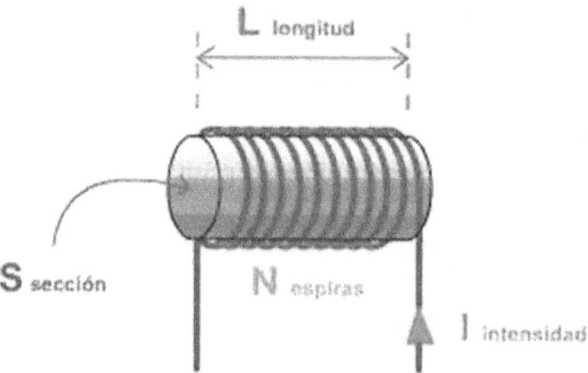

9) *Problemas de CA*

1. En un circuito se mide la tensión del generador mediante un osciloscopio y se obtiene la siguiente imagen. La escala vertical es de 1V/división y la base de tiempos en 20ms/división.

Determina:

-Valor máximo, medio y valor eficaz de la tensión.

-Periodo y frecuencia.

-Valor instantáneo a los 5 milisegundos.

-Si se aplica esa tensión a una bobina de 50 mH calcula la intensidad que circula y dibuja la forma de la onda.

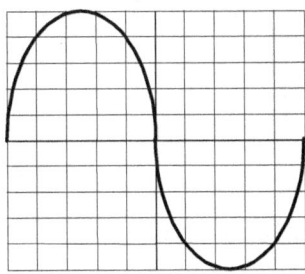

2. Una bobina de 146,424 mH de coeficiente de autoinducción se conecta a la red de 230 V y 50 Hz.

Determina la intensidad de corriente y el diagrama vectorial.

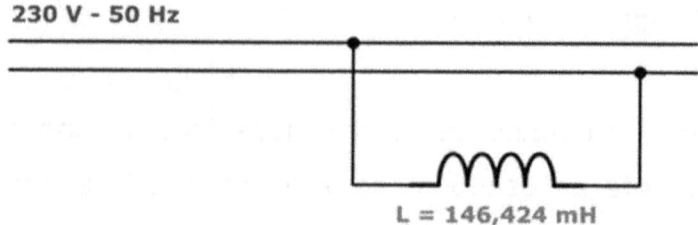

230 V - 50 Hz

L = 146,424 mH

3. Un condensador de 346 µF se conecta a una red de corriente alterna de 230 V a 50 Hz. Averigua la reactancia capacitiva, la intensidad de corriente y el diagrama vectorial.

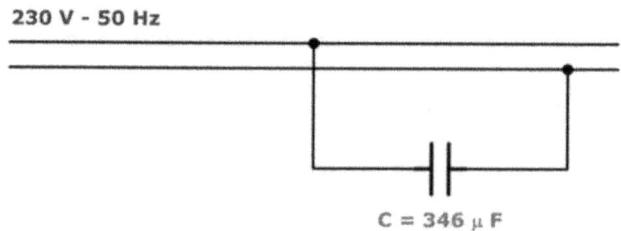

230 V - 50 Hz

C = 346 µ F

4. Calcula la impedancia total, la intensidad y la tensión en cada elemento.

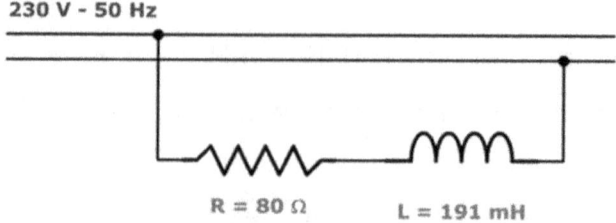

230 V - 50 Hz

R = 80 Ω   L = 191 mH

5. Calcula la impedancia total, la intensidad y la tensión en cada elemento.

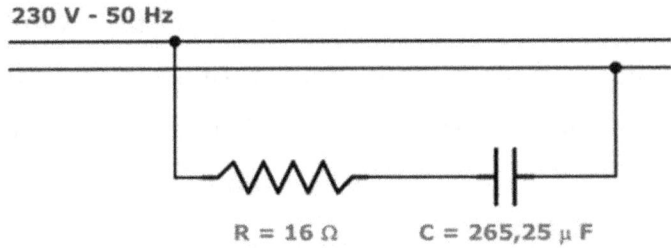

6. La potencia absorbida por el siguiente circuito es de 1840 W con factor de potencia 0,8 inductivo. Calcula el valor de la resistencia y el coeficiente de autoinducción de la bobina.

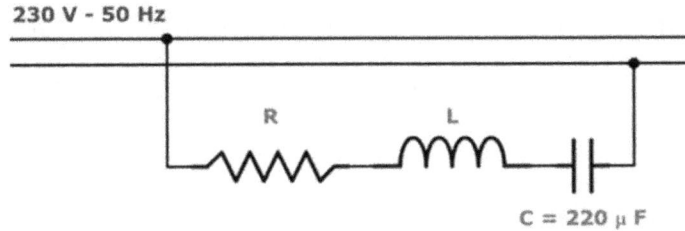

7. Las características nominales de una lámpara fluorescente son las siguientes, P = 18W; U = 230V; Cosφ = 0,8.

Calcula:

-Intensidad que consume.

-Potencias reactiva y aparente.

-Impedancia, resistencia y coeficiente de autoinducción de la bobina.

8. A un motor monofásico se conecta un vatímetro, un voltímetro y un amperímetro, que indican 525W, 230V y 3A respectivamente. Calcula el factor de potencia y las potencias reactiva y aparente. Representa el circuito con la conexión de los aparatos de medida

9. Calcula la sección de los conductores de cobre unipolares de longitud 40m, que alimentan un receptor monofásico que consume 10A, con un factor de potencia de 0,9. La caída de tensión admisible es del 1%. La tensión de servicio es 230V y 50 Hz.

10. Una línea monofásica de aluminio de longitud 200m alimenta un receptor de 2300W y factor de potencia 0,5. La tensión de servicio de la red eléctrica es de 230V y 50 Hz. Calcula la sección comercial del conductor necesaria para que la caída de tensión no supere el 5% de la tensión de la red y la tensión al final de la línea.

10) Resolver los siguientes problemas de CA trifásica:

1. Calcula la intensidad de fase y de línea, la potencia y el factor de potencia del circuito de la figura.

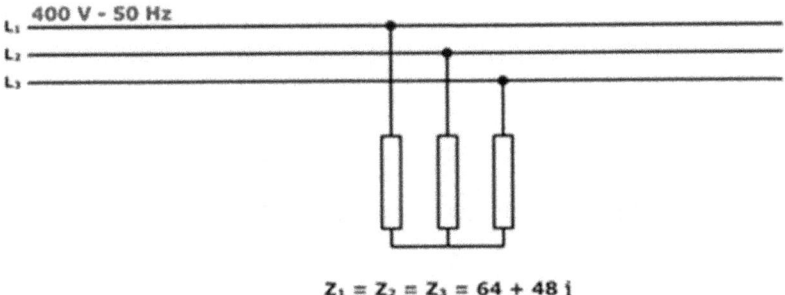

$$Z_1 = Z_2 = Z_3 = 64 + 48j$$

2. Calcula la intensidad de fase y de línea, la potencia y el factor de potencia del circuito de la figura.

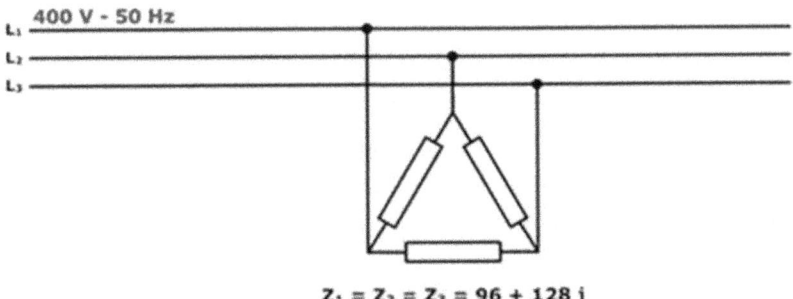

$$Z_1 = Z_2 = Z_3 = 96 + 128j$$

3. Calcula las impedancias del circuito equilibrado de la figura.

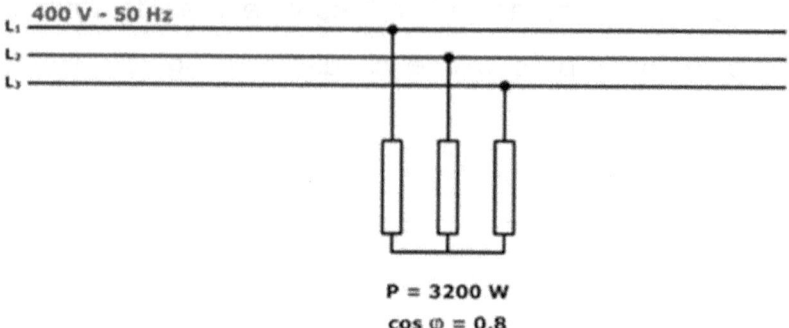

P = 3200 W

cos φ = 0,8

4. Calcula la potencia suministrada por el circuito equilibrado de la figura si las impedancias se conectan en estrella.

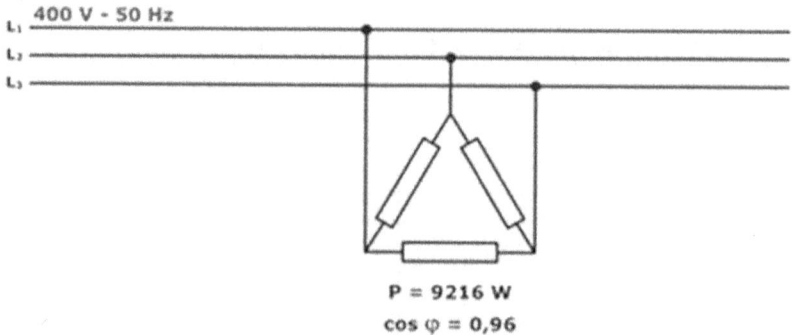

P = 9216 W

cos φ = 0,96

5. Calcula la capacidad de tres condensadores que colocados en triángulo corrijan el factor de potencia de la instalación a 0,9.

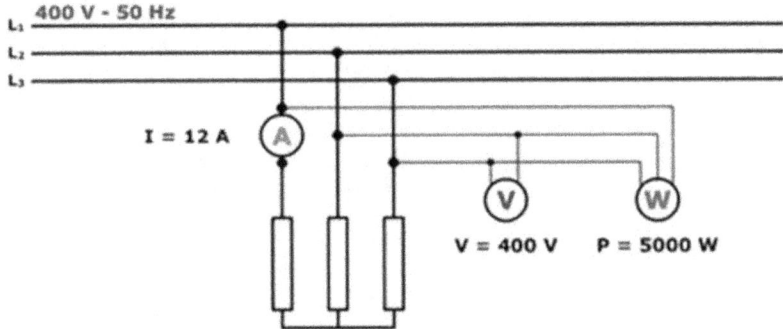

6. Calcula la capacidad de tres condensadores que colocados en estrella corrijan el factor de potencia del motor a 0,9.

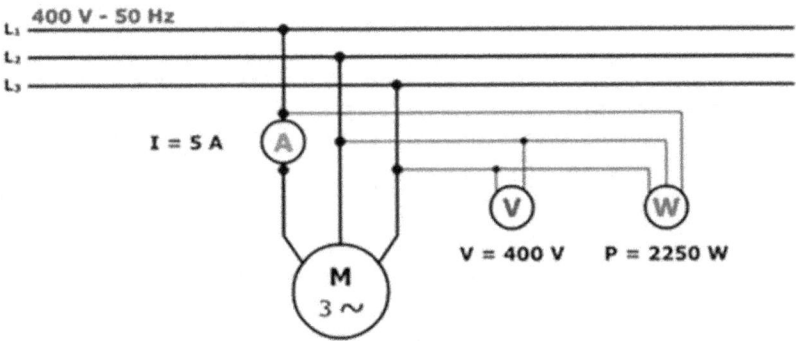

7. Calcula la intensidad total de la instalación y la capacidad de tres condensadores que en triángulo corrijan el factor de potencia a 0,9.

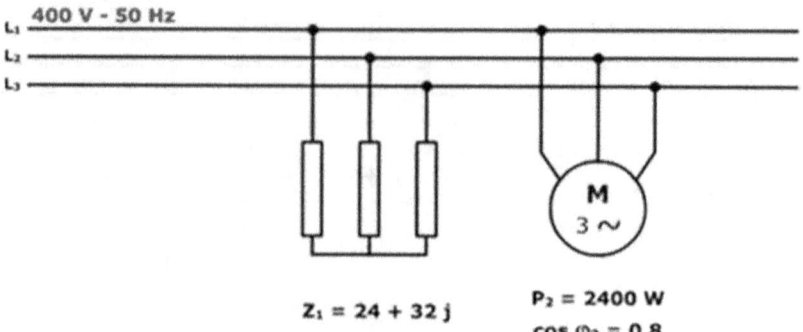

$Z_1 = 24 + 32\,j$

$P_2 = 2400\ W$

$\cos \varphi_2 = 0,8$

8. Calcula la capacidad de los condensadores que en triángulo corrijan individualmente el factor de potencia a 0,9 en cada carga y también para toda la instalación a la vez.

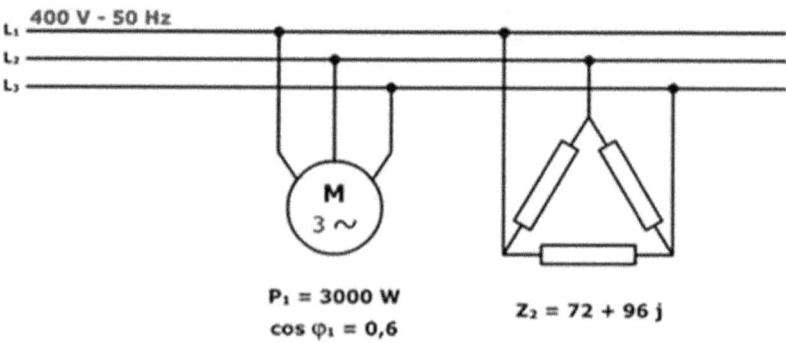

$P_1 = 3000\ W$

$\cos \varphi_1 = 0,6$

$Z_2 = 72 + 96\,j$

9. Calcula la intensidad total de la instalación, la capacidad de tres condensadores que en triángulo corrijan el factor de potencia a 0,9 y la nueva intensidad después de conectarlos.

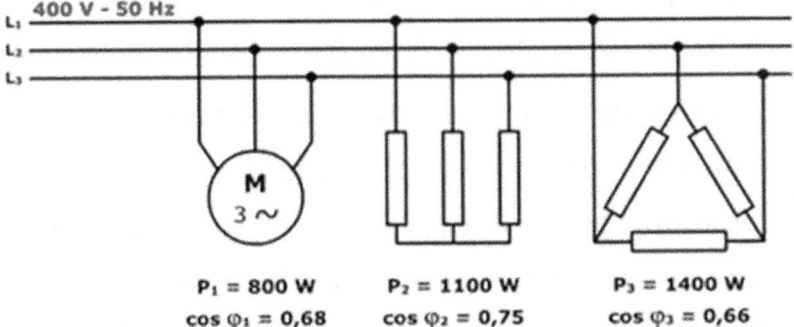

$P_1 = 800$ W $P_2 = 1100$ W $P_3 = 1400$ W

$\cos \varphi_1 = 0,68$ $\cos \varphi_2 = 0,75$ $\cos \varphi_3 = 0,66$

10. Calcula la sección de la línea de alimentación a un motor de 7,5 CV (1 Caballo de vapor equivale a 736 W), 50Hz, factor de potencia 0,87, conectado a 400V. La línea está formada por cable de longitud 80m con conductores de cobre aislado con PVC. Se admite una caída de tensión del 3%.

11) Problemas con máquinas de c.c.

1. Un motor de CC de excitación independiente se conecta a una tensión de 200 V. Determinar la corriente absorbida por el mismo en el arranque si la resistencia interna del inducido es de 0,2 Ω y la caída de tensión de las escobillas es de 2 V. ¿Cuál será la corriente de arranque de este motor si se conecta en serie con el inducido una resistencia de arranque de 2 Ω?

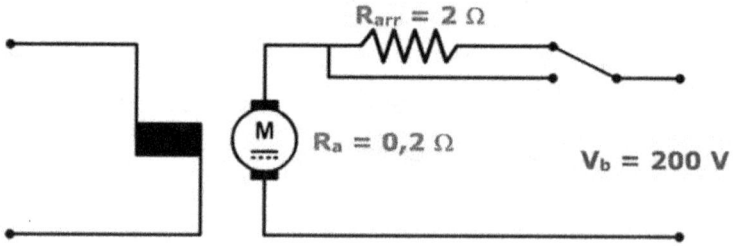

2. Un motor de corriente continua de excitación independiente de potencia útil 10 CV (1 CV = 1 HP = 1 Caballo de vapor = 736 W), rendimiento del 80%, se conecta a una tensión de 184 V.

Calcula la potencia eléctrica y la intensidad nominal. Calcula la corriente absorbida en el arranque si la resistencia del inducido es de 0,2 Ω y la caída de tensión de las escobillas es despreciable.

¿De qué valor tendrá que ser la resistencia del reóstato de arranque que habrá que conectar en serie con el inducido para que la intensidad en el arranque no supere 2 veces a la nominal?

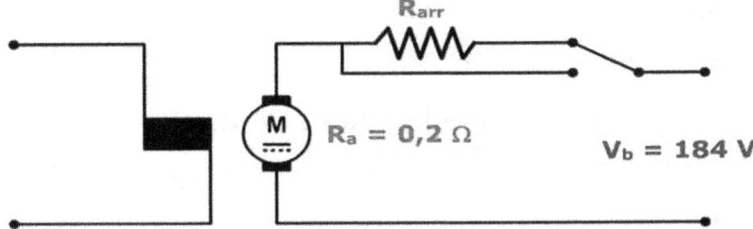

3. Calcula la tensión en bornes de una dinamo de excitación independiente que genera una fuerza electromotriz de 240 V y una corriente de 10 A si tiene una resistencia total del inducido de 2,5 Ω y la caída de tensión en las escobillas es de 2 voltios.

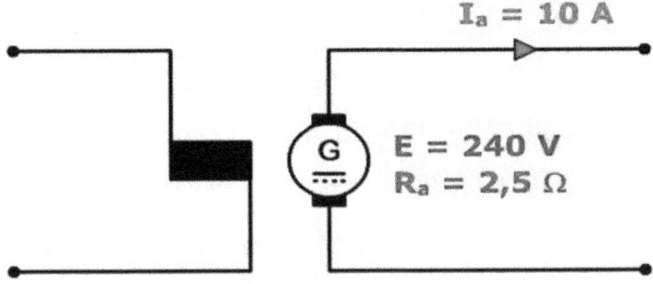

4. Un motor de corriente continua de excitación independiente:

- Tiene 740 conductores activos.

- Gira a 1200 r.p.m.

- El flujo por polo es de 40 mWb.

- Su devanado es imbricado simple (a = p).

- Tiene cuatro polos (p = 2).

- Por el inducido circulan 10 A.

- La resistencia del inducido es de 2,1 Ω.

- La caída de tensión en las escobillas es de 2 V.

Calcula la tensión en bornes.

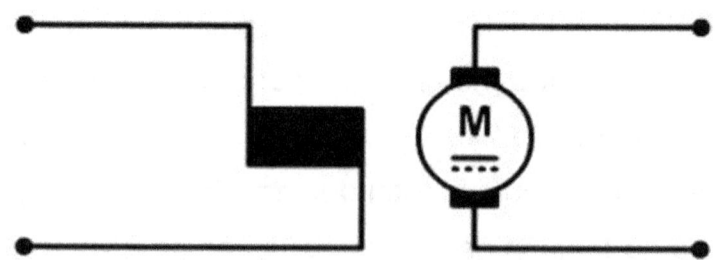

5. Un motor serie tiene una resistencia de inducido de 0,15 Ω, una resistencia del devanado de excitación de 0,08 Ω y una resistencia de los polos auxiliares es de 0,02 Ω.

Si la tensión de la línea es de 230 V y la f.e.m. generada en su inducido es de 225 V, calcula:

a) La corriente de arranque sin resistencia de arranque.

b) La intensidad del inducido.

c) El valor de la resistencia de arranque para reducir la intensidad de arranque a 1,5 veces la nominal.

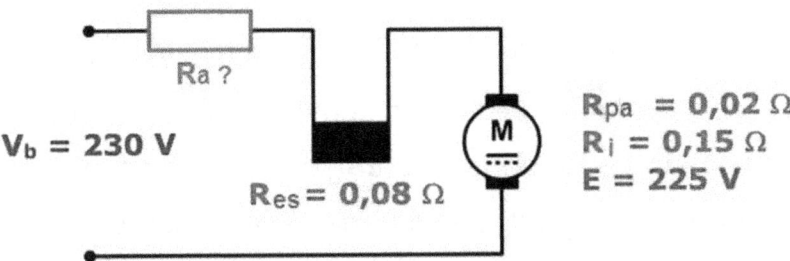

$V_b = 230 \text{ V}$

$R_{es} = 0,08 \ \Omega$

$R_{pa} = 0,02 \ \Omega$
$R_i = 0,15 \ \Omega$
$E = 225 \text{ V}$

6. Un motor derivación de 240 V y 30 A tiene los siguientes valores de resistencia de sus devanados: inducido 0,4 Ω, inductor derivación 300 Ω, polos auxiliares 0,1 Ω.

Calcula:

a) La intensidad en el devanado inductor derivación.

b) La intensidad en el inducido.

c) La f.e.m. en el inducido.

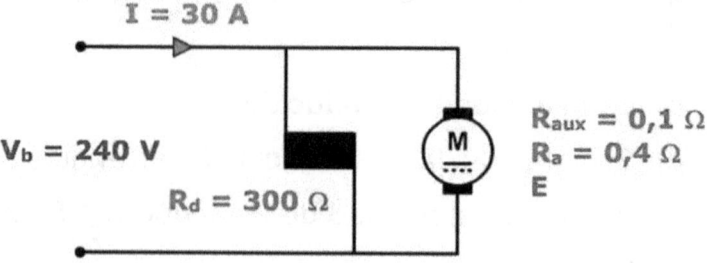

I = 30 A

V_b = 240 V

R_d = 300 Ω

R_{aux} = 0,1 Ω
R_a = 0,4 Ω
E

7. Un motor de corriente continua de excitación independiente tiene una tensión en bornes de 230 V. Si la f.e.m. generada en su inducido es de 224 V y absorbe una intensidad de 30 A., despreciando la reacción de inducido, la tensión en las escobillas y las pérdidas mecánicas calcula:

   a) La resistencia total del inducido.

   b) La potencia absorbida.

   c) La potencia útil en el eje.

   d) El par nominal si gira a 1000 rpm.

   e) El rendimiento eléctrico.

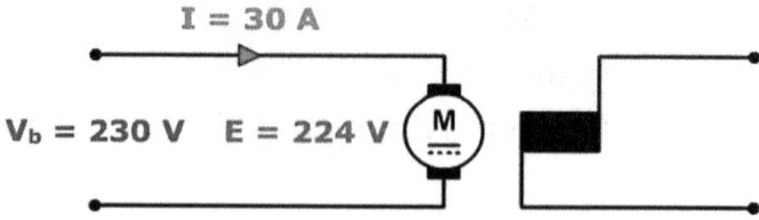

I = 30 A

V_b = 230 V   E = 224 V

8. Un motor derivación de 10 kW, 400 V y 1.500 rpm, tiene una resistencia total de excitación de 160 Ω y una resistencia del inducido y polos auxiliares de 0,5 Ω. Si el rendimiento del motor a plena carga es del 80%, calcula:

  d) La intensidad de línea.

  e) La intensidad de excitación.

  f) La fuerza contraelectromotriz.

  g) La potencia interna desarrollada.

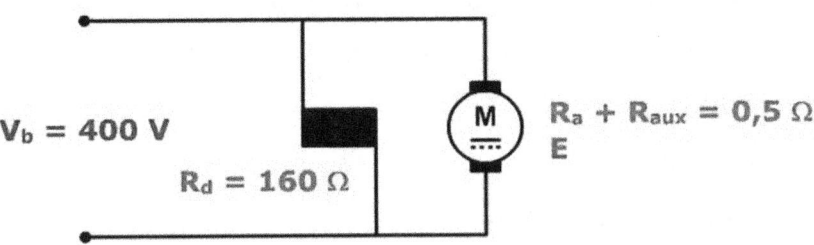

9. Calcula la tensión en bornes de un motor de corriente continua en derivación que:

- Tiene 880 conductores activos.

- Gira a 1.200 r.p.m.

- El flujo por polo es de 30 mWb.

- Su devanado es imbricado simple (a = p).

- Tiene cuatro polos (p = 2).

- Por el inducido circulan 25 A.

- La resistencia del inducido es de 0,88 Ω.

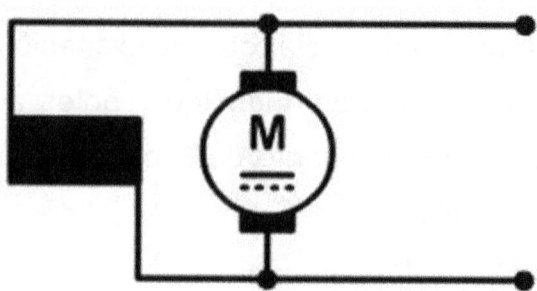

10. Un motor de corriente continua con excitación derivación indica los siguientes datos en su placa de características: (Prueba de acceso a CFGS 2003).

- Tensión 800 V

- Velocidad nominal 900 r.p.m.

- Potencia útil 90CV

- Intensidad 85 A.

- R excitación= 400 Ω.

- R inducido= 0,2 Ω

- U escobillas= 2V

Calcula:

   a) Rendimiento.

   b) Par nominal.

   c) Intensidad nominal que circula por el inducido.

d) F.c.e.m. en condiciones nominales de funcionamiento.

e) Si la velocidad de giro en vacío es de 915 rpm ¿Cuál es la intensidad absorbida de la red?

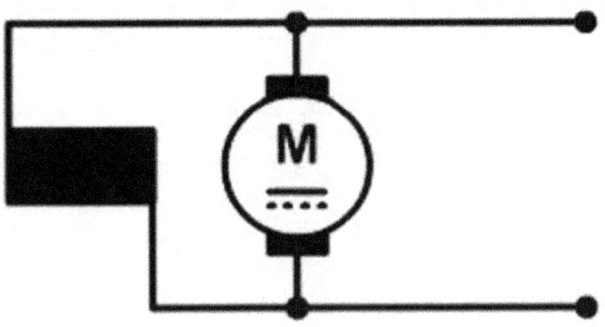

12) Problemas con máquinas rotativas corriente alterna.

1. ¿Cuál será el deslizamiento de un motor asíncrono trifásico de rotor en cortocircuito de dos pares de polos a 50 Hz y a plena carga, si se mide con un tacómetro una velocidad de 1425 r.p.m.?

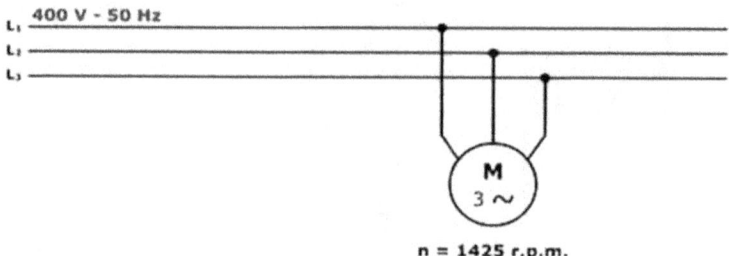

n = 1425 r.p.m.

2. ¿De qué tensiones tendrá que ser un motor para poder ser arrancado en estrella-triángulo en una red de 125 V?

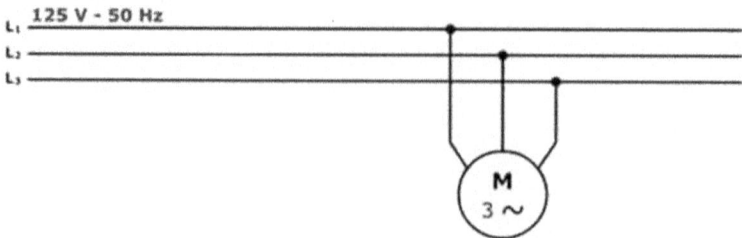

3. Un motor asíncrono trifásico de 380 V - 50 Hz de 5,5 kW tiene un rendimiento del 85% a plena carga.

Calcula la potencia y la intensidad absorbida si el factor de potencia es de 0,83.

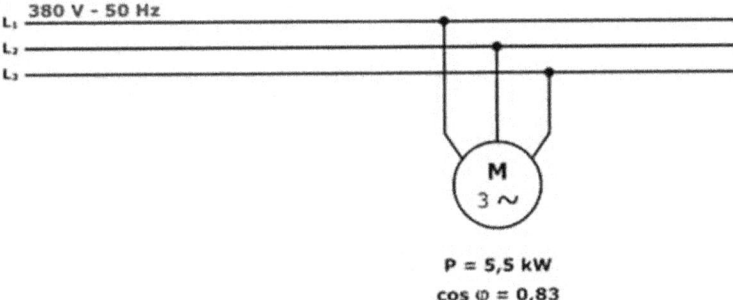

4. Un motor asíncrono trifásico gira a 735 r.p.m. a 380 V - 50 Hz. ¿Cuantos pares de polos posee? ¿Cuál es su deslizamiento?

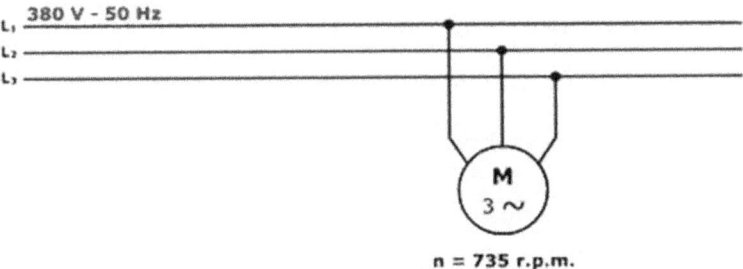

5. Calcula la potencia del motor asíncrono trifásico necesario para levantar un peso de 20 kg a una velocidad de 5 m/s si se utiliza una polea de 0,5 m de diámetro. (1 kg = 9,81 N).

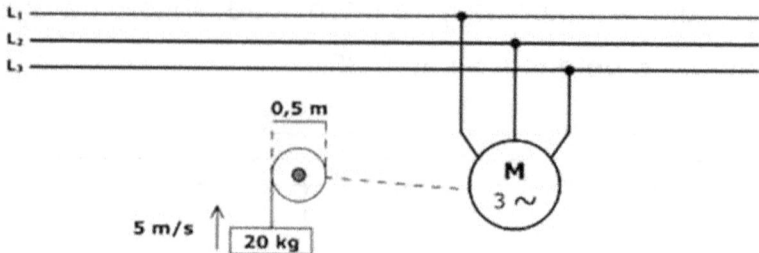

6. Un motor asíncrono trifásico de 22 kW, 660 V, 50 Hz, tiene un factor de potencia de 0,85. Si trabaja a su potencia nominal con un rendimiento del 90%, calcula:

    a. La potencia y la intensidad absorbida.

    b. El par si gira a 1476 r.p.m.

    c. La velocidad de sincronismo y el deslizamiento.

    d. El par si se reduce la tensión a 380 V.

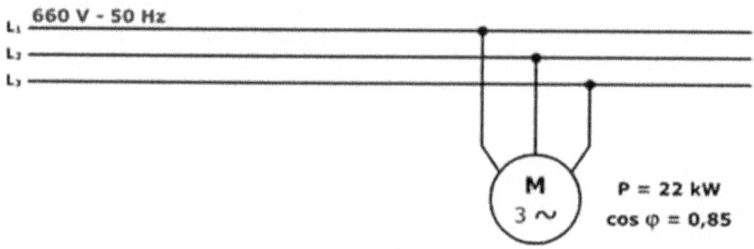

7. Un motor asíncrono trifásico de 220 / 380 V, 50 Hz, 100 kW, tiene un rendimiento del 95% y un factor de potencia de 0,88. Calcula:

a. La intensidad absorbida de una red de 380 V - 50 Hz. ¿Cómo ha de conectarse?

b. La intensidad absorbida de una red de 220 V - 50 Hz. ¿Cómo ha de conectarse?

c. La potencia de la batería de condensadores necesaria para corregir el factor de potencia a 0,95 y la capacidad de los condensadores necesarios para ello, si se conectan en estrella, para cada una de las dos redes anteriores.

8. Se duda entre instalar un motor monofásico de 2200 W a 230 V con f.d.p. 0,82 y un rendimiento del 92 % o un motor trifásico de 2,2 kW a 400 V con f.d.p. 0,78 y un rendimiento del 96 %.

Si ambos giran a 1000 r.p.m. calcula la intensidad absorbida por cada uno y su par motor.

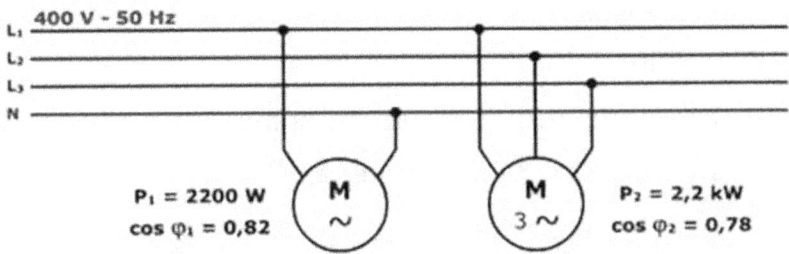

9. Un motor asíncrono trifásico de tres pares de polos y rotor en jaula de ardilla se alimenta a 400 V y frecuencia variable. Calcula la velocidad de giro para un deslizamiento del 2%:

    a. A 10 Hz.

    b. A 50 Hz.

    c. A 100 Hz.

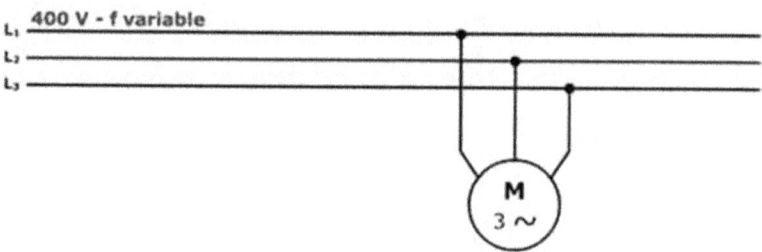

10. Un motor trifásico de inducción de 11 kW, 3 x 400 V - 50 Hz, 1.420 r.p.m. tiene los siguientes valores para condiciones nominales:

- Rendimiento: 0,87

- Cos φ = 0,89

Determina:

    a. El número de pares de polos.

    b. La velocidad sincrónica.

    c. El deslizamiento a carga nominal.

    d. El par a carga nominal.

    e. La intensidad que toma de la red a carga nominal.

13) Problemas de transformadores

1. Un transformador ideal con 1500 espiras en el primario y 100 en el secundario se conecta a una red de corriente alterna de 3450 V y 50 Hz. Averigua la relación de transformación y la tensión del secundario.

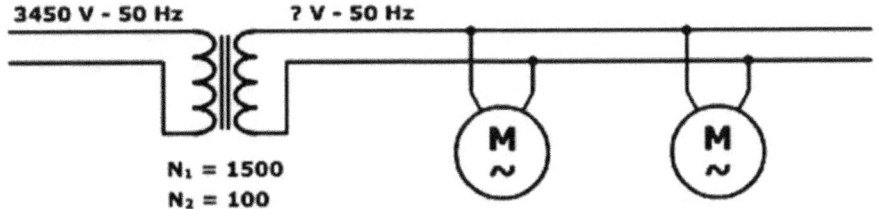

2. Un transformador reductor de 400/230 V proporciona energía a un motor monofásico de 9,2 kW a 230 V con factor de potencia 0,8.

Suponiendo la corriente de vacío y las pérdidas despreciables, determina la intensidad del primario, la relación de transformación y el número de espiras del secundario si el primario posee 1600.

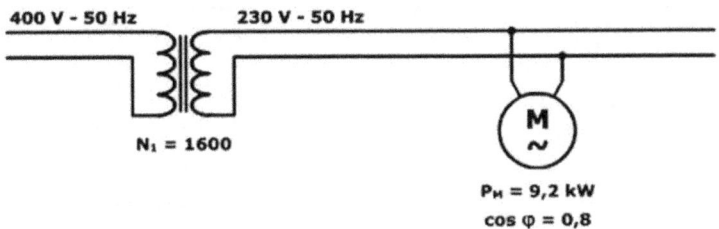

3. Un transformador tiene 3600 espiras en el primario y 1200 espiras en el secundario. Si se cortocircuita el secundario y se mide una corriente a la salida de dicho devanado de 24 A, ¿cuál será la corriente del primario?

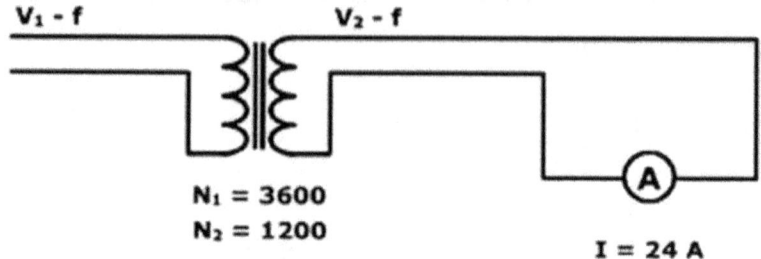

4. Un transformador de 133 /230 V proporciona energía a un grupo de 12 lámparas de 115 W cada una a 230 V con factor de potencia 0,6. Suponiendo las pérdidas despreciables, determina la intensidad por el primario y par el secundario, la relación de transformación y el número de espiras del primario si el secundario tiene 1610.

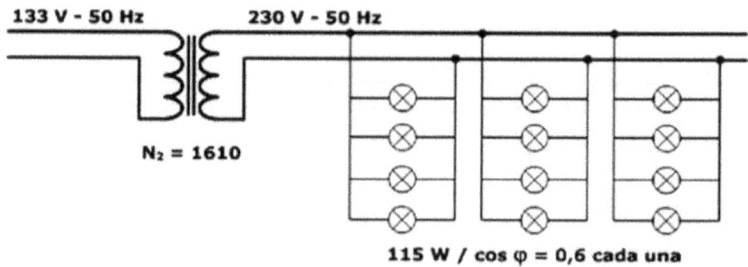

5. Un transformador monofásico ideal tiene 860 espiras en el primario y 215 espiras en el secundario. Conectando el primario a una tensión alterna senoidal de 400V, 50Hz, suministra una corriente de 10A a una carga conectada en el secundario. Calcula:

1. Relación de transformación
2. Tensión en bornes del secundario
3. Potencia aparente suministrada por el transformador
4. Intensidad de corriente por el primario

6. A un transformador de 10 kVA, conexión triángulo / estrella, 10.000/400-230 V se le conecta una carga equilibrada. Si funciona a plena carga, calcular:

a) La relación de transformación simple y compuesta.

b) Las intensidades de línea primaria y secundaria para un Cos φ = 1

c) Las intensidades de línea primaria y secundaria y potencia suministrada para un Cos φ = 0,8

d) El n° de espiras del secundario si el primario tiene 3000.

14) Examen general electrotecnia

1. Partículas que forman el átomo, descripción de cada una de ellas.

2. Define corriente eléctrica.

3. ¿Qué son materiales aislantes y conductores?

4. Define semiconductores.

5. Define e indica la unidad en la que se mide:
   a) Voltaje.
   b) Intensidad de corriente eléctrica.
   c) Resistencia eléctrica.

6. Elementos de un circuito eléctrico.

7. Receptores.

8. Elementos de protección.

9. Elementos de maniobra.

10. Explica la ley de Ohm.

11. Define potencia y energía.

12. En un circuito en serie si tenemos tres resistencias de 1, 2 y 6 ohmios respectivamente ¿La resistencia total será mayor, menor o igual que cada una de las resistencias? Justifica tu respuesta.

13. Si tenemos un circuito serie con una pila de 12V y tres bombillas y otro circuito paralelo con la misma pila y las mismas bombillas ¿Qué bombillas lucirán más las de serie o paralelo? Justifica tu respuesta.

14. En un circuito en paralelo si tenemos tres resistencias de 1, 2 y 6 ohmios respectivamente ¿La resistencia total será mayor, menor o igual que cada una de las resistencias? Justifica tu respuesta.

15. Calcula la resistencia equivalente de tres resistencias de 1, 4 y 8 Ω en cada uno de los siguientes casos:
    a) Están asociadas en serie.
    b) Están asociadas en paralelo.

16. En el circuito de la figura calcula:

    a) Resistencia total.

    b) Voltaje total.

    c) Intensidad total.

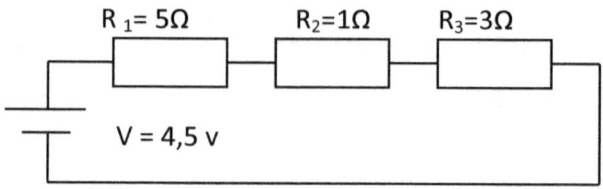

17. En el circuito de la figura calcula:

    a) Resistencia total.

    b) Voltaje total.

    c) Intensidad total.

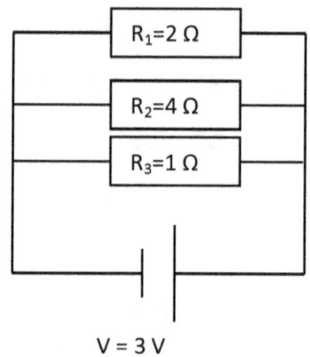

18. En el circuito de la figura calcula:

    a) Intensidad para cada resistencia.

    b) Voltaje para cada una de las resistencias.

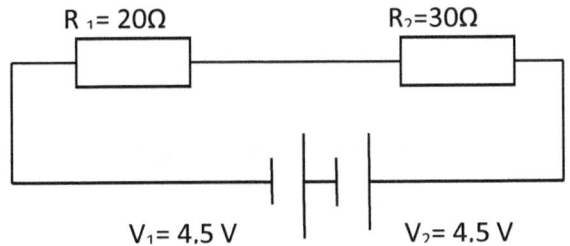

$R_1 = 20\Omega$ $R_2 = 30\Omega$

$V_1 = 4.5$ V $V_2 = 4.5$ V

19. En el circuito de la figura calcula:

   a) Voltaje para cada una de las resistencias.

   b) Intensidad para cada resistencia.

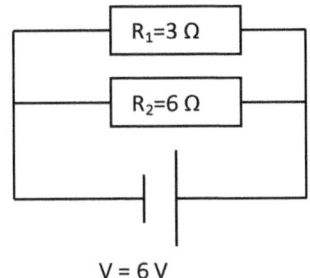

$R_1 = 3\ \Omega$

$R_2 = 6\ \Omega$

$V = 6$ V

20. Una estufa tiene una potencia de 2000 w y está conectada durante 3 horas a un voltaje de 220 v. Calcula:

   a) Energía consumida en Kwh.

   b) Intensidad que circula por la plancha.

   c) Resistencia de la plancha

15) Examen oficial Automatismos eléctricos y mecanizado.

1.- ¿Qué medida está efectuando el calibre de la figura?:

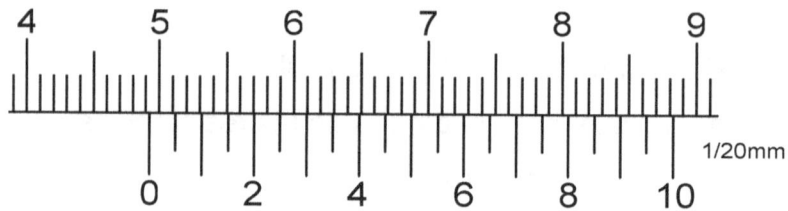

1/20mm

a) 25,59 mm.

b) 4,25 mm.

c) 49,25 mm.

2.- ¿Qué medida está efectuando el micrómetro de la figura?:

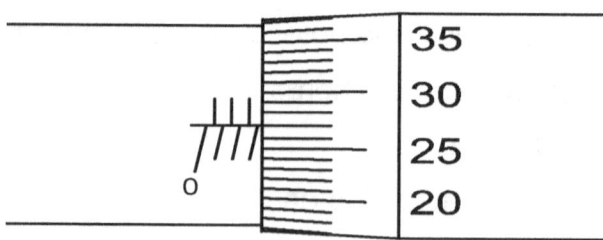

a)   3,27 mm.

b)   27,4 mm.

c)   3,25 mm.

3.- ¿Qué broca tendremos que emplear para realizar una rosca de M-6x1?

a) 7 mm. de diámetro.

b) 6 mm. de diámetro.

c) 5 mm. de diámetro.

4.- El grado de protección IK referido a un aparato o dispositivo eléctrico, se refiere a:

a) Grado de protección respecto a choques mecánicos.

b) Grado de protección respecto a la entrada de partículas de agua o sólidos.

c) Grado de protección respecto a interferencias electromagnéticas.

5.- En el arranque de un motor con asociación Fusibles-Contactor-Relé térmico ¿Qué tipo de fusibles es el más adecuado?

a) Tipo gG.

b) Tipo aM.

c) Tipo G.

6.- ¿Qué cifras de las unidades o cifras de función indican un contacto NC de un temporizador?

a) 3 y 4.

b) 1 y 2.

c) 5 y 6.

7.- ¿Cómo se denomina a la parte móvil del circuito magnético del contactor?

a) Núcleo.

b) Armadura.

c) Espira magnética.

8.- En un circuito marcha/paro con varios pulsadores de parada y una única marcha.

a) Los pulsadores de parada son NA y se colocan en serie. El pulsador de marcha es NC y está en paralelo con la realimentación.

b) Los pulsadores de parada son NC y se colocan en serie. El pulsador de marcha es NA y está en paralelo con la realimentación.

c) Los pulsadores de parada son NA y se colocan en paralelo. El pulsador de marcha es NC y está en serie con la realimentación.

9.- En circuitos de automatismo. Según la norma EN 60204_1:1999, los conductores en un circuito de mando de corriente alterna.

a) Debe ser de color rojo.

b) Es indiferente.

c) debe ser negro para fase y azul para neutro.

10.- ¿Qué cargas permite conectar un contactor de categoría AC3?

a) Cargas con intensidad de arranque y de corte de 5 a 7 veces In.

b) Cargas resistivas o con Cosφ=1

c) Cargas con intensidad de arranque de 5 a 7 veces In. La desconexión a In.

11.- ¿Qué representa la categoría 10A en un relé térmico?

a) La intensidad máxima admisible.

b) El tiempo de disparo por sobrecarga.

c) La asociación con contactores con la misma categoría.

12.- ¿A qué intensidad se debe regular un relé térmico en el arranque directo de un motor trifásico?:

a) A la intensidad marcada por el seccionador-fusible o disyuntor.

b) A la intensidad máxima soportada por el contactor.

c) A la intensidad nominal del motor.

13.- ¿Qué significa el símbolo de la figura?

a) Es un contacto NC de un final de carrera.

b) Es un contacto NC de un temporizador al trabajo.

c) Es un contacto NA representado en posición accionado.

14.- En un arranque estrella-triángulo ¿Cuánto se reduce la intensidad del arranque?:

a) 1/3 de la intensidad en arranque directo.

b) 1/2 de la intensidad en arranque directo.

c) 1/4 de la intensidad en arranque directo.

15.- ¿Qué tensión de línea tenemos que tener para arrancar un motor en estrella-triángulo si en su chapa, la característica de tensión es 400/690V?

a) 400 V.

b) 690 V.

c) Imposible. A este motor no se le puede realizar el arranque estrella-triángulo porque no se le puede conectar a 230 V.

16.- La finalidad de arrancar un motor mediante autotransformador es la de limitar la intensidad absorbida por el motor durante la fase de arranque o conexión de motor.

a) Es incorrecto, se utiliza para separar galvánicamente los circuitos.

b) Es correcto.

c) Es incorrecto, es para que el motor funcione a una tensión mayor.

17.- Un motor shunt de corriente continua ¿Qué característica principal tiene?

a) Un elevado par motor.

b) Una buena regulación de velocidad.

c) Fácil mantenimiento al carecer de escobillas.

18.- El número binario 111010 a qué número en decimal corresponde.

a) 72.

b) 23.

c) 58.

19.- ¿Qué características definen a una memoria RAM?

a) Se puede leer y escribir innumerables veces y no guarda los datos en caso de fallo de alimentación.

b) Se puede leer pero no escribir y guarda los datos en caso de fallo de alimentación.

c) Se puede leer pero escribir se hace con un aparato especial y borrar con UV. Guarda los datos en caso de fallo de alimentación.

20.- En un autómata programable, ¿A qué se denomina programación en lista de instrucciones?

a) A la programación basada en puertas lógicas.

b) A la programación del álgebra de Boole.

c) A la programación diagrama ladder o escalera.

Preguntas directas

1.- Dibujar los tipos de limas atendiendo a su forma indicando la denominación de cada una de ellas.

2.- En un motor ¿A qué se denomina deslizamiento? Pon la fórmula que lo define.

3.- Explica brevemente el funcionamiento de un temporizador a la desconexión. Dibuja su símbolo.

4.- Representar en diagrama de contactos y de funciones la siguiente ecuación lógica:

$$L = \overline{a} \cdot (b + c + (\overline{c} \cdot L))$$

5.- Explica brevemente los distintos tipos de salidas de un autómata programable y sus aplicaciones.

Diseño de un automatismo

Realizar el esquema de potencia y de mando mediante contactores, del arranque de un motor trifásico de rotor en cortocircuito, de dos velocidades con conexión Dahlander. Se podrá elegir la velocidad de marcha mediante dos pulsadores, uno accionará la velocidad rápida y el otro la velocidad lenta. Un único pulsador de parada interrumpirá la velocidad en curso. El circuito llevará protecciones contra sobrecargas y cortocircuitos. Las maniobras estarán protegidas, mientras esté funcionando una de las velocidades no se podrá accionar la otra, ni eléctrica, ni mecánicamente. El circuito llevará señalización luminosa para indicar cuando gira a velocidad rápida, a velocidad lenta y si hay sobrecarga en el motor.

Utilizar la simbología normalizada según EN 61346.

16) Examen oficial de electrotecnia

1. Un circuito serie está formado por una resistencia R=10 Ω, una bobina que posee un coeficiente de autoinducción L = 0,002H y un condensador de capacidad C = 10µF, si se conecta a una tensión alterna de 110 V y 50 Hz. Calcular:

   a) Intensidad que recorre el circuito

   b) Tensión en la resistencia VR

   c) Tensión en la autoinducción VL

   d) Tensión en la capacidad VC

2. Una bobina de resistencia despreciable y coeficiente de autoinducción L = 0,2H está conectada en paralelo a un condensador de capacidad variable a una tensión de 100 V y 50 Hz. Calcular:

   a) Capacidad del condensador para que el circuito entre en resonancia.

   b) Intensidad total del circuito en resonancia.

   c) Intensidad que circula por la bobina en resonancia.

   d) Intensidad que circula por el condensador en resonancia

3. A una línea monofásica que alimenta un alumbrado fluorescente, se conectan un amperímetro, un voltímetro y un vatímetro, cuyas indicaciones respectivas son 6,7 A, 220 V y 960 W. Se pide lo siguiente:

   a) Esquema del circuito con los aparatos conectados.

   b) Factor de potencia de la instalación.

   c) Potencia reactiva necesaria de la batería de condensadores conectada en paralelo para elevar el factor de potencia a 0,96.

   d) Capacidad de dicha batería si la frecuencia es de 50 Hz.

4. Un transformador monofásico de 10 kVA, 6000/230 V y 50 Hz, se ensaya en cortocircuito conectándolo a una fuente de tensión variable por el lado de alta tensión, siendo la indicación de los aparatos 250 V, 170 W y 1, 67 A. Se pide:

   a) Esquema del ensayo incluyendo los aparatos de medida.

   b) Intensidad nominal en alta tensión.

   c) Tensión porcentual de cortocircuito.

   d) Resistencia de cortocircuito.

   e) Reactancia de cortocircuito

5. Un generador de corriente continua cuya f.e.m. es de 100 V posee una resistencia interna 1 Ω. Si se conecta a una resistencia exterior de 9 Ω. Calcular:

  a) Intensidad que suministra el generador

  b) Tensión en bornes del generador

  c) Potencia total producida por el generador

  d) Potencia perdida en la resistencia interna

  e) Rendimiento del generador

17) Examen oficial de máquinas eléctricas

1. Se conoce con el nombre de máquina eléctrica al sistema de mecanismos capaz de:

- a) Producir, transformar o aprovechar la energía eléctrica.
- b) Mantener un campo de atracción de la energía eléctrica.
- c) Magnetizar un campo magnético de la energía eléctrica.

2. La constitución general de una maquina eléctrica puede ser examinada desde dos puntos de vista.
El electromagnético y el mecánico.
Desde el punto de vista electromagnético toda máquina eléctrica está provista de:

- a) Un circuito eléctrico y dos conjuntos magnéticos.
- b) Un conjunto magnético y dos circuitos eléctricos.
- c) Dos conjuntos magnéticos, Inducido e Inductor y un conjunto eléctrico.

3. El número total de polos de una máquina se designa por:

a) p/2

b) p+2

c) 2p

4. En toda máquina tenemos perdidas de energía. Como consecuencia tenemos:

a) Que la potencia absorbida por la máquina es siempre menor que la potencia útil.

b) Que la potencia útil de la máquina es siempre menor que la potencia absorbida.

c) Que la potencia absorbida por la máquina es igual a la potencia útil.

5. Cuando una máquina trabaja exactamente a la potencia nominal, se dice que funciona:

a) A plena carga.

b) A sobre carga.

c) En régimen de funcionamiento.

6. Se entiende por rendimiento de una máquina la relación que existe entre:

a) La potencia absorbida y la potencia útil (Pa/Pu).

b) La potencia absorbida menos la potencia útil (Pa-Pu).

c) La potencia útil y la potencia absorbida (Pu/Pa).

7. Recibe el nombre de dinamo:

a) Un generador eléctrico que transforma energía eléctrica que recibe por sus bornes en energía eléctrica que suministra por su eje.

b) Un generador eléctrico que transforma energía mecánica que recibe por su eje en energía mecánica que suministra por sus bornes.

c) Un generador eléctrico que transforma energía mecánica que recibe por su eje en energía eléctrica que suministra por sus bornes.

8. Con una velocidad del rotor constante, la fuerza electromotriz generada en el bobinado inducido es directamente proporcional al flujo útil que recorre la armadura:

a) Verdadero.

b) Falso.

c) Depende de la tensión

9. Se da el nombre de paso de ranura al número de ranuras que es preciso saltar para ir:

a) Desde un lado activo de una bobina, hasta el otro lado activo de esa misma bobina.

b) Desde un lado activo de una bobina, hasta el otro lado activo de la siguiente bobina.

c) Desde un lado activo de una bobina, hasta el otro lado activo de la bobina anterior.

10. Los bobinados de inducido de las máquinas de corriente continua pueden ser de dos clases:

a) Cerrados y abiertos

b) Imbricados y ondulados

c) Triangulares y en estrella

11. Cuando el flujo útil de una dinamo es constante, la fuerza electromotriz generada en el bobinado inducido es:

a) Inversamente proporcional a la velocidad de giro del rotor.

b) Directamente proporcional a la velocidad de giro del rotor.

c) Igual a la velocidad de giro del rotor.

12. El bobinado inductor principal de una dinamo está constituido por las bobinas dispuestas en:

a) Los polos de conmutación.

b) Los polos auxiliares.

c) Los polos principales.

13. Por excitar una dinamo se entiende el fenómeno por el cual se crea en el bobinado inductor principal la fuerza magnetomotriz necesaria para mantener el flujo en el circuito magnético.

a) Verdadero.

b) Falso.

c) Depende del número de bobinas de la dinamo.

14. La fuerza electromotriz generada en el bobinado inducido de un motor de corriente continua tiene un sentido tal que se opone a la acción de la tensión de la red.

a) Verdadero.

b) Falso.

c) Depende de la corriente de excitación.

15. En un motor de corriente continua la velocidad del rotor es:

a) Directamente proporcional a la fuerza contraelectromotriz generada en el bobinado inducido e inversamente proporcional al valor del flujo útil que recorre la armadura del rotor.

b) Directamente proporcional a la fuerza electromotriz generada en el bobinado inducido e inversamente proporcional al valor del flujo útil que recorre la armadura del rotor.

c) Inversamente proporcional a la fuerza contraelectromotriz generada en el bobinado inducido y directamente proporcional al valor del flujo útil que recorre la armadura del rotor.

16. En un motor de corriente continua, en el que se mantiene constante la intensidad de corriente que recorre el bobinado inducido, el momento de rotación es:

a) Inversamente proporcional al flujo útil que recorre la armadura.

b) Igual al flujo útil que recorre la armadura.

c) Directamente proporcional al flujo útil que recorre la armadura.

17. En un motor de corriente continua, en el que se mantiene constante el valor del flujo útil que recorre la armadura, el momento de rotación es:

a) Inversamente proporcional al valor de la intensidad de corriente que recorre el inducido.

b) Directamente proporcional al valor de la intensidad de corriente que recorre el inducido.

c) Igual al valor de la intensidad de corriente que recorre el inducido.

18. El par de arranque y la estabilidad de marcha del motor de corriente continua compound aditivo, cuales son:

a) Tener un buen par de arranque pero presenta el peligro de embalarse cuando disminuye mucho la carga resistente.

b) Tener un buen par de arranque pero presenta el peligro de calentarse excesivamente el bobinado si disminuye mucho la carga resistente.

c) Tener un buen par de arranque y no presentar peligro de embalarse cuando disminuye mucho la carga resistente.

19. Para el cambio del sentido de giro de un motor de corriente continua es necesario invertir:

a) El sentido de la corriente en ambos circuitos eléctricos del motor.

b) El sentido de la corriente de dos fases de las tres eléctricas del motor.

c) El sentido de la corriente en uno de los circuitos del motor.

20. En un alternador se puede conseguir que los conductores corten las líneas de fuerza de dos maneras distintas.

¿De cuál de estas formas es la típica en los alternadores de mediana y gran potencia?:

a) Con el inducido fijo y el inductor móvil.

b) Con el inducido fijo y el inductor en corto circuito.

c) Con el inducido fijo y el inductor también fijo.

21. Se aplica el nombre de motor asíncrono:

a) Al motor de corriente alterna cuya parte móvil (rotor) gira a una velocidad diferente de la síncrona.

b) Al motor de corriente alterna cuya parte móvil (rotor) gira a la misma velocidad síncrona.

c) Al motor de corriente alterna cuya parte móvil (rotor) gira a una velocidad 2P/2 de la síncrona.

22. Los motores monofásicos presentan cierta analogía con los polifásicos, pero su rendimiento y factor de potencia son:

    a) Inferiores a los polifásicos.

    b) Iguales a los polifásicos.

    c) Superiores a los polifásicos.

23. Los transformadores estáticos son máquinas eléctricas que permiten modificar ciertos factores como son:

    a) Potencia, Resistencia, Frecuencia.

    b) Tensión, Frecuencia, Resistencia.

    c) Intensidad, Tensión, Potencia.

24. En un transformador que el primario tiene menos espiras que el secundario, se trata de un transformador:

    a) Reductor.

    b) Elevador.

    c) Ni elevador ni reductor.

25. En un transformador reductor el valor de la relación de transformación es:

    a) Mayor que la unidad.

    b) Menor que la unidad.

c) Igual que la unidad.

26. La relación de transformación de un transformador, es decir, la relación de los números de espiras de los bobinados primario y secundario coincide con la relación de los valores de las respectivas fuerzas electromotrices.

a) No tiene relación.

b) Tendría relación si la f.e.m. se cambiara por la frecuencia.

c) Si tiene relación.

27. Indicar cuál es la afirmación correcta:

a) Un transformador posee: 1 bobinado que se arrolla sobre un núcleo magnético.

b) Un transformador posee: 2 bobinados uno primario y otro secundario, que se arrollan sobre un núcleo de hierro, lo que hace que ambos estén acoplados magnéticamente.

c) Un transformador posee: 2 bobinados uno primario y otro secundario, que se arrollan sobre un núcleo de hierro, lo que hace que ambos estén acoplados eléctricamente.

28. En un autotransformador se da el nombre de Potencia propia a:

a) A la potencia aparente transmitida por intermedio del flujo común desde el circuito primario al secundario.

b) A la potencia aparente cedida al circuito de utilización a través de los bornes secundarios.

c) A la potencia activa cedida al circuito de utilización a través de los bornes secundarios.

29. La tensión en bornas de un generador tiene un valor:

a) Mayor al producto del valor de la resistencia exterior del circuito de utilización multiplicado por la intensidad de corriente que lo recorre.

b) Menor al producto del valor de la resistencia exterior del circuito de utilización multiplicado por la intensidad de corriente que lo recorre.

c) Igual al producto del valor de la resistencia exterior del circuito de utilización multiplicado por la intensidad de corriente que lo recorre.

30. Dos generadores de igual f.e.m., pero distinta resistencia interior, acoplados en paralelo sobre un circuito exterior, suministran intensidades de corriente:

a) Iguales, estando sus valores en proporción directa a sus resistencias interiores.

b) Iguales, estando sus valores en proporción inversa a sus resistencias interiores.

c) Diferentes, estando sus valores en proporción inversa a sus resistencias interiores.

31. La fuerza contraelectromotriz de un receptor tiene un valor que se determina:

a) Restando de la tensión en bornas la caída de tensión interior.

b) Sumando a la tensión en bornas la caída de tensión interior.

c) Restando de la tensión en bornas la caída de tensión exterior.

32. Se da el nombre de flujo magnético a la cantidad o número de:

a) Líneas de fuerza que atraviesan un centímetro cuadrado de superficie.

b) Líneas de fuerza que pasan por un circuito magnético.

c) A la mayor o menor resistencia que opone el circuito magnético.

33. En las bobinas de los bobinados se distinguen los lados y las cabezas. ¿Qué parte de la bobina corta las líneas de fuerza?:

a) Solamente las cabezas.

b) Toda la bobina (cabezas y lados).

c) Solamente los lados.

34. Los dos lados activos de una bobina deben estar situados simultáneamente:

a) Bajo polos del mismo nombre.

b) Bajo polos de nombre contrario.

c) Indistintamente bajo cualquier polo.

35. Se designa con el nombre de "paso polar" en un bobinado a:

a) La distancia que existe entre los ejes de los polos (Norte).

b) La distancia que existe entre los ejes de los polos (Sur).

c) La distancia que existe entre los ejes de dos polos consecutivos.

36. En un alternador el valor de la frecuencia depende de:

a) La velocidad de giro del bobinado inducido y del número de conjuntos de bobinas de la máquina.

b) La velocidad de giro del bobinado inducido y del número de polos de la máquina.

c) La velocidad de giro del bobinado inducido y del número de bobinas de la máquina.

37. Se dice que un bobinado es "por polos" cuando:

a) Cuando por cada fase hay tantos grupos de bobinas como número de polos.

b) Cuando por cada fase hay tantos grupos de bobinas como pares de polos.

c) Cuando por cada fase hay tantos grupos de bobinas como la mitad de pares de polos.

38. ¿En un bobinado concéntrico se conoce con el nombre de "amplitud de grupo"?:

a) El número de ranuras que ocupan los lados activos de dicho grupo.

b) El número de ranuras que ocupa dicho grupo.

c) El número de ranuras que se encuentran en el interior de dicho grupo.

39. En los bobinados de dos capas, el número de bobinas será:

   a) K/2.

   b) B/K.

   c) B=K.

40. La tensión en bornes de una máquina de corriente alterna es:

   a) Directamente proporcional al número de espiras en serie por fase y a la frecuencia de la corriente.

   b) Inversamente proporcional al número de espiras en serie por fase y a la frecuencia de la corriente.

   c) Inversamente proporcional al número de espiras en serie por fase e igual a la frecuencia de la corriente.

18) Examen oficial instalaciones singulares en viviendas y edificios.

1. Calcula el tercer armónico de un sonido musical que tiene como frecuencia fundamental 2200 Hz.
Representa en una gráfica a escala proporcional el sonido fundamental o puro y el tercer armónico.

El tercer armónico será:……………………………….

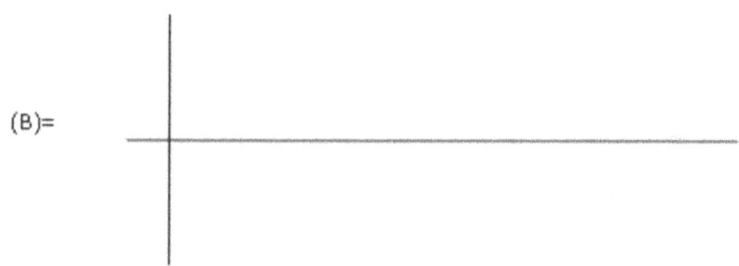

(B)=

2. Calcula la presión acústica, en pascales, que correspondería con 108 dB de nivel de presión sonora (SPL).

3. Sabiendo que la presión sonora de referencia de un altavoz es de 90 dB, ¿Qué potencia le tendríamos que aplicar para obtener una presión sonora de 105 dB?

4. Convierte en unidades de tensión el siguiente valor expresado en dBV: -30 dBV.

5. ¿Qué potencia eficaz RMS tendrá un amplificador cuya indicación de potencia musical es de 175 W?

6. Calcula la longitud de onda (en m.) de un sonido cuya frecuencia es de 175 Khz.

7. La sensibilidad de un altavoz exponencial es de 100 dB (1 W, 1 m.). ¿Qué SPL habría a 20 m. de distancia cuando le aplicamos una potencia de 12 W?

8. Realiza el cálculo del número de altavoces en el techo de un local (según el criterio que tiene en cuenta la posición del oyente y el ángulo de cobertura del altavoz.) del que nos facilitan los siguientes datos:

Dimensiones de longitud, anchura y altura:
- 20 x 9 x 4m.
- Altura al oído del oyente: 1,2 m.
- Ángulo de cobertura del altavoz a utilizar: a = 90°.

9. Calcula la longitud de onda del canal de televisión terrestre número 40.

10. Utilizando la fórmula de la impedancia característica de un cable coaxial, calcula la impedancia del cable, T–XX de T.V. Con una K= 3,25 Del catálogo de T.V se obtienen los valores de los diámetros del conductor exterior (D) y del conductor interior (d) para el cable: T-XX: D = 7,53 mm; d = 1,15 mm.

11. Halla la potencia (en mW) del siguiente valor de señal expresado en dBm: -20 dBm.

12. Convierte a dBm la siguiente señal expresada en dBµV: 31 dBµV.

13. Calcula la equivalencia en tensión (V) del siguiente valor expresado en dBµV: 131 dBµV.

14. Se trata de la energía presente en el medio de propagación, previamente emitida desde una antena emisora, y que tiene que ser captada por la antena receptora. La antena puede transformar esta energía presente en el medio en un nivel de tensión entre sus bornes.
Se la denomina:

15. Es la unidad mínima de información en la transmisión digital y puede tomar sólo dos valores (A y –A).

Se la denomina:

16. Si un amplificador tiene 20dB de ganancia y una tensión máxima de salida de 115 dBμV.

Una entrada de 90 dBμV nos daría una salida de (A) dBμV

Una entrada de 100 dBμV nos daría una salida de (B) dBμV.

A=........................
B=....................

17. ¿Cuáles son las principales modulaciones de TV digital?

A=...............................
B=...............................
C=...............................

18. Es un tipo de codificación de señales de audio y vídeo que analiza las redundancias espaciales y temporales de una señal para poder codificarla digitalmente sin utilizar una cantidad de datos. Es decir, analiza las partes de una señal que

son iguales de forma que sólo codifica esta información una vez. Además, como los datos se van sucediendo, sólo codifica la información que cambia de una imagen a otra.

Se la denomina:

19. Son aparatos que transforman la modulación digital, sea TV Terrestre o TV Satélite, en modulación PAL convencional con objeto de que pueda utilizarse un televisor normal para ver estos servicios.

Se los denomina:

20. El índice de operatividad que nos indica su capacidad de detectar una intrusión. No está normalizado. Se suele expresar en tanto por uno de probabilidades de detección:

Se le denomina:

21.   Dispositivo de instalación superficial y forma plana, constituido por un contacto eléctrico que se activa al ser presionado por un peso suficiente.

Se le denomina:

22.   Dispositivo que capta la radiación infrarroja que generan los elementos de la zona vigilada y que se activa al variar suficientemente dicha radiación.
Se le denomina:

23. Cable coaxial capaz de captar vibraciones de baja frecuencia generadas en la superficie vigilada, que se activa al alcanzar las vibraciones unas características preestablecidas.
Se le denomina

24. Temperatura que por sí misma hace que las sustancias ardan sin necesidad de un foco exterior.
Se le denomina:

25. Mezcla de gases que contiene oxígeno en proporción suficiente como uno de sus componentes.
Se le denomina:

26. De la unión de estos factores se llega al concepto de triángulo del fuego, que indica que sin la conjunción de estos tres componentes no es posible la formación del fuego.
Indicar los tres factores:

    A=...

B=..

C=..

27. La velocidad de propagación de una combustión o velocidad de llama es la velocidad de avance del frente de reacción. Según la velocidad de propagación, se distinguen varios tipos de reacciones de oxidación: ¿Es la velocidad de propagación superior a 1 m/s e inferior a la del sonido?
Se la denomina:

28. En este tipo de fuego intervienen líquidos o sólidos transformados a líquidos. Petróleos, gasolinas, mantecas, aceites, etc.
Fuego de clase:

29. Indicar los nombres de las fases del incendio:
1ª...
2ª...
3ª...
4ª...

30. El teléfono está compuesto por una serie de elementos. ¿Cuál de ellos es utilizado para enviar a la

central de conmutación la información del número del abonado llamado? (A)-decádico y (B)-multifrecuencia)

A=...........................

B=...........................

31. ¿Qué tipos de cables son los más utilizados en las líneas telefónicas?

A=...

B=...

C=...

32. ¿Qué ancho de banda se utiliza en las centrales telefónicas para los circuitos de voz?

De............................a...............................

33. ¿Cuántos abonados se pueden conectar a una central nodal?

N=..............................

34. Indicar las partes en que podemos dividir la red interior de un edificio. (Telefonía).

A=...

B=...

C=...

35. En un bus pasivo ampliado que longitud tendrá este. Que distancia máxima se puede tener entre terminales

Longitud del bus:

De...a....................

Distancia máxima entre terminales:

De.....................a...

36. En un bus pasivo punto a punto la longitud queda limitada por la atenuación del cable (6dB a 96kHz) Alcanzando como máximo:

L_{max}=...

37. Calcular la declinación solar para el día 20 de Diciembre.

38. Cuando la célula está en vacío o con baja corriente de carga se produce un fenómeno en el seno del semiconductor de la célula que provoca una disminución de la tensión de salida de aproximadamente 0,5V de su valor nominal, debido a la perdida de carga negativas.

Se le denomina:...

39. Si los rayos solares inciden sobre un panel solar con un ángulo de 30° con respecto a la normal, ¿Cuánto valdrá la masa de aire Ma?

40. A la intensidad con que se produce la descarga en un ciclo determinado de trabajo:

Se la denomina:...

19) Examen aplicando el REBT

1. ¿En qué tipo de conductores se emplean las cubiertas metálicas?

   a. En cables utilizados en canalizaciones independientes.

   b. En cables utilizados en la instalación de circuito de tierra.

   c. En cables de alta tensión.

   d. Este tipo de cubiertas no es usada nunca.

2. Cuál de estos materiales es el mejor aislante de la electricidad:

   a. Plata.

   b. Cobre.

   c. Aluminio.

   d. PVC.

3. La iluminancia es la cantidad de flujo luminoso que recibe la superficie a iluminar; su unidad es...

   a. Lux.

   b. Lumen.

   c. Candela.

   d. Amperio/cm2.

4. ¿Cuáles son los casquillos normalizados de las lámparas tipo Edison?

    a. E12, E27, E40.

    b. E14, E28, E40.

    c. E14, E27, E50.

    d. E12, E27, E40.

5. ¿Qué entiendes por efecto estroboscópico en un tubo fluorescente?

    a. El efecto creado por el cebador en el encendido, provocando un parpadeo.

    b. Un fenómeno que se produce cuando el tubo llega a su límite de vida, provocando que la visión bajo el tubo sea ralentizada debido al parpadeo continuo.

    c. Un fenómeno que produce la reactancia cuando esta está a punto de agotarse, provocando un continuo parpadeo.

    d. No existe este tipo de efectos en los tubos fluorescentes.

6. ¿Qué tipo de gas utiliza el cebador en su interior para realizar bien su función?

    a. Argón a baja presión.

    b. Argón a alta presión.

c. Neón a baja presión

d. Neón a alta presión

7. ¿Qué es la lámpara luz mezcla?

a. Un híbrido entre lámpara de incandescencia y la de descarga.

b. Una lámpara de descarga con un gran rendimiento.

c. Una lámpara de descarga con necesidad de ayuda de balasto para su funcionamiento.

d. Una lámpara incandescente con reactancia.

8. ¿Cuál es la función del relé diferencial?

a. Proteger a personas contra grandes cortocircuitos.

b. Proteger a personas contra altas intensidades.

c. Proteger a personas contra contactos indirectos.

d. Proteger la instalación eléctrica contra todo tipo de sobrecargas.

9. ¿Cuál es la denominación de los fusibles aplicados a la protección de cables y conductores?

a. gF.

b. gL.

c. aM.

d. gR.

10. ¿Cuál es el tipo de fusibles que se fabrica para resistir más intensidad?

a. Cilíndricos.

b. Tipo D.

c. Tipo D0.

d. Tipo cuchillas.

11. Según la curva de disparo, los interruptores magnetotérmicos que se aplican para protección de circuitos electrónicos y circuitos secundarios de medidas son:

a. Curva tipo B.

b. Curva tipo C.

c. Curva tipo D.

d. Curva tipo Z.

12. Existen diversos sistemas de protección contra contactos directos, cuál de estos es uno de ellos:

a. Separación de circuitos por medio de transformadores.

b.   Interposición   de   obstáculos   físicos inaccesibles para evitar el contacto accidental con la instalación.

c. Empleo de Interruptores diferenciales.

d. Conexiones equipotenciales, uniendo todas las   masas   entre   sí   y   a   los   elementos conductores simultáneamente accesibles.

20) Ejercicios resueltos con capacitores

Magnitudes:

Prefijo	Número de Veces la Unidad en el SI
Mega (M)	10^6
Kilo (k)	10^3
Mili (m)	10^{-3}
Micro (μ)	10^{-6}
Nano (n)	10^{-9}
Pico (p)	10^{-12}

Analogía entre los diferentes elementos pasivos

$R = \rho \dfrac{l}{S}$	$R = \dfrac{Vab}{I}$
$C = 8,84 \times 10^{-12} \times K \dfrac{S}{d}$	$C = \dfrac{Q}{Vab}$
$L = \dfrac{\mu N^2 S}{l}$	$L = N \dfrac{\phi}{I}$

Ejercicios resueltos:

1. ¿Cuál será la capacidad de un condensador formado por dos placas de 400cm^2 de Superficie separadas por una lámina de papel de 1,5mm de espesor cuya constante dieléctrica es 3,5?

$$C = 8,84 \times 10^{-6} \times K \frac{S}{l} = 8,84 \times 10^{-6} \times 3,5 \times \frac{400 \times 10^{-4}}{1,5 \times 10^{-3}} = 0,00082 \ \mu, \ = 0,82 kpF$$

2. Calcular la carga acumulada por un condensador de 100◻F al cual se le aplica una ddp de 40V.

$$Q = C * Vab = 100 \times 10^{-6} * 40 = 4 \times 10^{-3} \, Culombios$$

3. Hallar la capacidad equivalente y la carga acumulada por cada condensador del siguiente circuito.

C1=10000 pF

C2=0,010μF

C3=6kpF

C4=3x10-9F

C5=3nF

C6=4x10-6μF

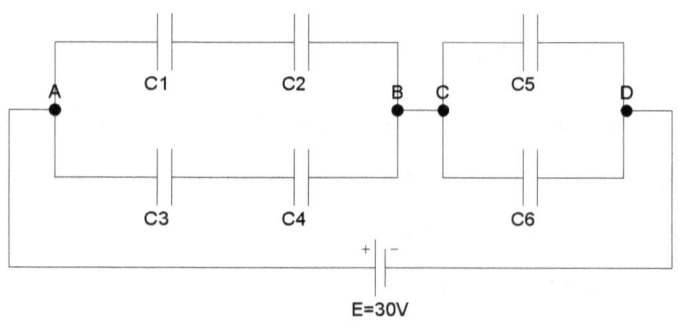

Expresando todos los valores en nF tendremos:

C1 = 10nF;   C2 = 10nF;   C3 = 6nF;   C4 = 3nF;   C5 = 3nF;
C6 = 4nF

$$C_{12} = \frac{C_1}{2} = \frac{10}{2} = 5nF \; ; \qquad C_{34} = \frac{C_3 \times C_4}{C_3 + C_4} = \frac{6 \times 3}{6 + 3} = 2nF$$

$C_{1234} = C_{12} + C_{34} = 5 + 2 = 7nF; \qquad C_{56} = C_5 + C_6 = 3 + 4 = 7nF$

$$C_{eq} = \frac{C_{1234}}{2} = \frac{7}{2} = 3,5nF$$

$Q_t = C_{eq} * V_{ad} = 3,5 \times 10^{-9} * 30 = 1,05 \times 10^{-7}$ Coulombios

$$V_{ab} = \frac{Q_t}{C_{1234}} = \frac{1,05 \times 10^{-7}}{7 \times 10^{-9}} = 15V \; ;$$

$V_{cd} = V_{ad} - V_{ab} = 30 - 15 = 15V$

$Q_1 = Q_2 = C_{12} * V_{ab} = 5 \times 10^{-9} * 15 = 0,75 \times 10^{-7}$ Coulombios

$Q_3 = Q_4 = C_{34} * V_{ab} = 2 \times 10^{-9} * 15 = 0,30 \times 10^{-7}$ Coulombios

$Q_5 = C_5 * V_{cd} = 3 \times 10^{-9} * 15 = 0,45 \times 10^{-7}$ Coulombios

$Q_6 = C_6 * V_{cd} = 4 \times 10^{-9} * 15 = 0,6 \times 10^{-7}$ Coulombios

4. El siguiente circuito está constituido por una resistencia y una capacidad a la cual se le aplica la fem de un generador de cc a través del interruptor S, Calcular:

a) La constante de tiempo RC

b) La caída de tensión en el condensador para los tiempos t=RC; t=2RC; t=3RC y t=5RC

c) Dibujar la curva de tensión Vbc en función del tiempo.

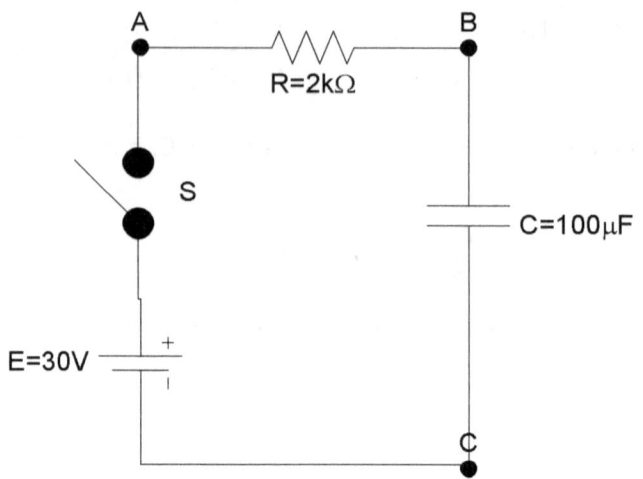

a) RC = 2000 x 100 x 10-6 = 0,2seg.

b) Para t = RC: Vbc = 30 x (1 – e-1) = 30 x [1 – (1/e)]
= 18,96V

Para t = RC: Vbc = 30 x (1 – e-2) = 30 x [1 – (1/e2)] =
25,94V

Para t = RC: Vbc = 30 x (1 – e-3) = 30 x [1 – (1/e3)] =
28,50V

Para t = RC: Vbc = 30 x (1 – e-5) = 30 x [1 – (1/e5)] =
29,79V

c) Existe un procedimiento gráfico para obtener los
valores obtenidos en el punto anterior y representar la
tensión del condensador en función del tiempo.

Para su ejecución es necesario dividir el eje de
abscisas en tramos de tiempo de valor RC. En el eje

de las ordenadas se representa el valor de la tensión del generador.

Durante la primera RC, el condensador se carga aproximadamente a las dos terceras partes de la tensión total del generador. Durante la segunda RC aumenta su carga en las dos terceras partes de la tensión que le queda para la carga total. En la tercera RC, vuelve adquirir 2/3 de la tensión residual al cabo de 5RC, el condensador está prácticamente cargado al 100%.

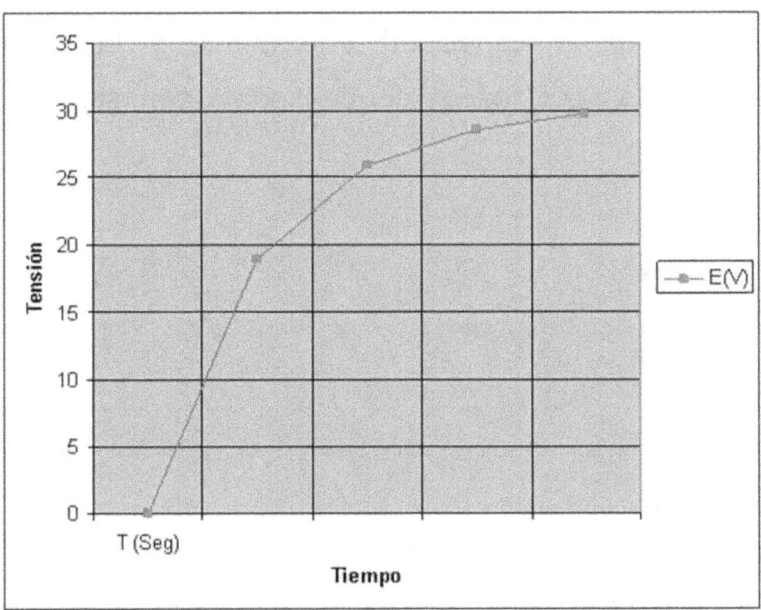

5. Calcular la energía almacenada por un condensador de 20μF, si la ddp entre sus armaduras es de 200V.

$$W = \frac{1}{2}CV_{ab}^2 = \frac{1}{2} \times 20 \times 10^{-6} \times 200^2 = 0,4 Julios$$

Ejercicios a resolver

1. Calcular la superficie de las armaduras de un condensador de 1mF cuyo dieléctrico es un papel de 0,2mm de espesor. La constante dieléctrica K=4,8.

a. Solución: S = 4,71m2.

2. Calcular la capacidad equivalente y la carga acumulada por cada condensador del siguiente circuito:

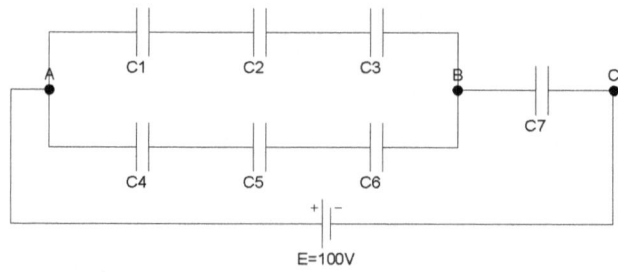

C1 = 3μF

C2 = 2000nF

C3 = 6x10-6F

C4 = 15x106pF

C5 = 15x106pF

C6 = 15x106pF

C7 = 12µF

Solución:

Ceq = 6µF;

Q1=Q2=Q3=66,6 x 10-6 Coulomb,

Q4=Q5=Q6=333,3 x 10-6 Coulomb,

Q7=4 x 10-4Coulomb.

3. Calcular tensión de carga final del condensador del siguiente circuito:

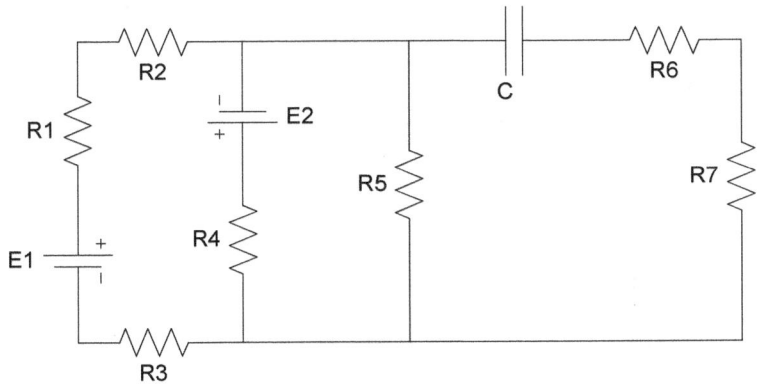

C = 10µF

E1= 10V

E2 = 5V

R1 = 2Ω

R2 = 6Ω

R3 = 4Ω

R4 = 10Ω

R5 = 20Ω

R6 = 100Ω

R7 = 50Ω

Solución: Vc = 1,42V

4. Calcular la constante de tiempo y las caídas de tensión, Vab, Vbc, y Vcd en los elementos del siguiente circuito, transcurrido un minuto:

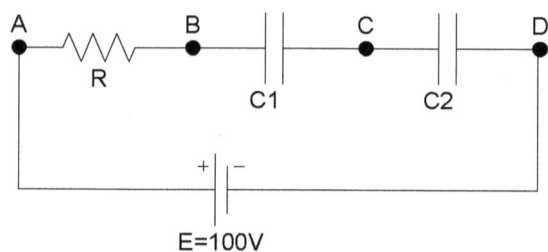

R = 1KΩ

C1 = 20 µF

C2 = 60 µF

a. Solución:

RC = 15x10-3Seg,

Vab = 0V,

Vbc = 75V,

Vcd = 25V

5. El Condensador C del siguiente circuito ha sido cargado previamente a una ddp de 5V a) ¿Cuál será la ddp final del condensador? b) ¿Cuánto tiempo tardará en adquirir, prácticamente toda la carga?

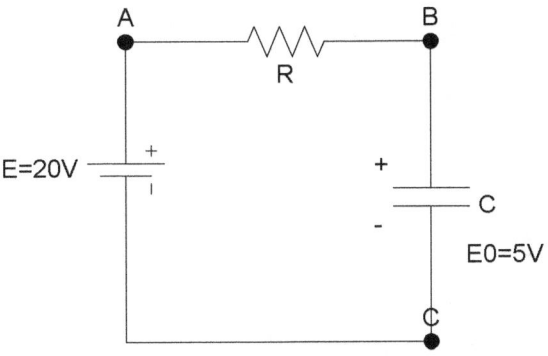

R = 2,2KΩ

C = 10µF

   a. Solución: Vc = 20V

   b. Solución: t = 0,103Seg.

6. Calcular cuánto tiempo deberá transcurrir para que el condensador, del circuito del problema 5, alcance una tensión de 10V.

Solución: t = 8,9mSeg

7. Calcular el valor máximo de la corriente por el circuito de la siguiente figura y dibujar la forma de la

ddp en la resistencia de 2KΩ y la de la corriente en función del tiempo.

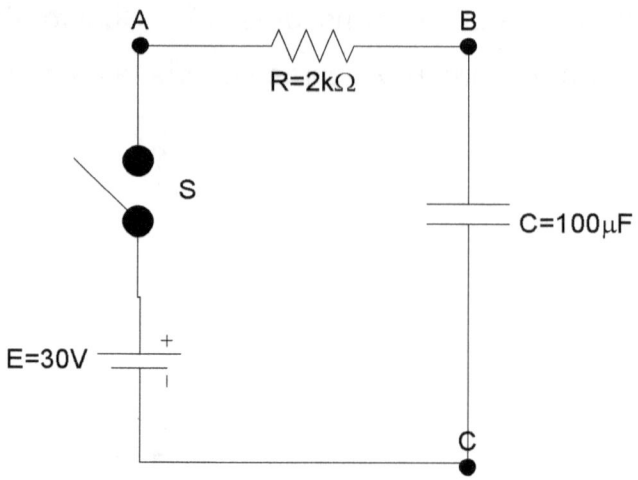

Solución: I = 15mA

8. En el circuito de la siguiente figura, calcular:

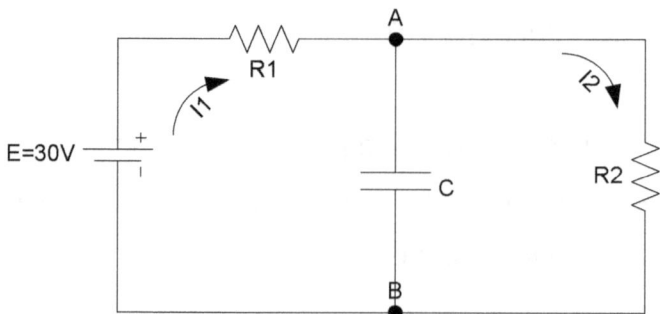

a. La constante de tiempo RC
b. La ddp final (En el condensador Vab)
c. I1 e I2 para t = 0, t = 0,5seg y t = infinito.

R1 = 4KΩ

R2 = 6KΩ

C = 100μF

i.   Solución A: RC = 0,24Seg

ii.   Solución B: Vab = 18V

iii.   Solución C: t = 0;

      I1 = 7,5mA

      I2 = 0

      t = 0,5Seg;

      I1 = 3,56mA

      I2 = 2,62mA

      t = Infinito;

      I1 = 3mA

      I2 = 3mA

21) Examen oficial de instalaciones eléctricas de interior

1. Los colores en conductores de fase normalizados en instalaciones monofásicas son:

    a.- Negro y gris.

    b.- Negro y marrón.

    c.- Marrón y gris.

    d.- Marrón, negro y gris.

2. El diámetro más pequeño de tubo, utilizado en instalaciones interiores es:

    a.- 8 mmØ.

    b.- 10 mmØ.

    c.- 12 mmØ.

    d.- 16 mmØ.

3. Un interruptor es un:

    a.- Aparato de maniobra.

    b.- Cortahilos.

    c.- Puente de cable.

    d.- Una barrera física.

4. La medida de potencia eléctrica la realizamos con:

    a.- Voltímetros.

b.- Óhmetro.

c.- Fasímetro.

d.- Vatímetro.

5. Cual de los siguientes tipos de esquemas se representa sobre un plano de planta:

a.- Esquema multifilar.

b.- Esquema unifilar.

c.- Esquema de instalación.

d.- Esquema eléctrico.

6. El reglamento electrotécnico de baja tensión dispone de 51 Instrucciones Técnicas Complementarias, estas son de obligado cumplimiento:

a.- Siempre.

b.- Sólo en parte.

c.- Solo en lo que se refiere a los materiales.

d.- Solo en cuanto a instalaciones.

7. El boletín de instalación eléctrica es necesario:

a.- En las instalaciones que no necesitan proyecto.

b.- En las instalaciones que necesitan proyecto.

c.- En todas las instalaciones.

d.- En las reformas e instalaciones.

8. En un esquema unifilar:

a.- Se representan todos los conductores.

b.- Con un mismo trazo se representan conductores o elementos que se repiten.

c.- Se representa cada conductor con una línea.

d.- Se representan todos los elementos y su situación de emplazamiento.

9. Señala las tres maneras de clasificar un conductor:

a.- Por su sección nominal, su tipo de aislamiento y el número de conductores que lo conforman.

b.- Por el tipo de aislamiento, la configuración del conductor y el número de conductores que lo conforman.

c.- Por el material utilizado, la forma del conductor y la resistividad que ofrece al paso de la corriente.

d.- Por la carga admisible del conductor, la pantalla de protección y la forma de instalación.

10. El recocido de un conductor:

a.- Es un tratamiento al que se somete el conductor una vez trefilado para que consiga una resistividad mayor.

b.- Es un tratamiento de choque térmico pasando el conductor de 500º C a poco mas de -25ºC para impedir su oxidación.

c.- Es un tratamiento superficial para eliminar las impurezas propias del cobre extraído de las minas.

d.- Es un tratamiento que devuelve la ductilidad perdida durante el proceso de fabricación, calentándolo y dejándolo enfriar lentamente.

11. Las canalizaciones eléctricas se clasifican principalmente en:

a.- Huecos en la construcción y canales prefabricados.

b.- Tubos y canales en todas sus variantes.

c.- De planos divisibles a planos continuos.

d.- De fijación superficial o fijación en elementos de la construcción específicos.

12. Marca cuál de estas afirmaciones es verdadera.

a.- La sección nominal de un cable incluye al conductor y sus aislamientos.

b.- Las envolventes se fabrican estancas para impedir la entrada de animales en su interior.

c.- Las cajas de derivaciones se sitúan lo más accesible posibles para realizar siempre en ellas las derivaciones oportunas.

d.- Los tubos metálicos se dejan abiertos para la ventilación de los equipos eléctricos y evitar así los calentamientos.

13. Señala a que es debido el efecto estroboscópico:

a.- A la utilización de lámparas de gran potencia que reducen el campo visual.

b.- A la persistencia de las impresiones lumínicas en la retina debido al parpadeo de las fuentes luminosas.

c.- A la utilización de fuentes de luz con diferente temperatura de calor.

d.- A la colocación a tresbolillo de las fuentes de luz.

14. En un local en el cual tenemos una fuente de luz que produce el efecto estroboscópico tendremos la siguiente sensación:

a.- Se produce un mareo al cabo de 10 minutos.

b.- La reproducción de color de los objetos varía.

c.- Los elementos giratorios giran al revés de cómo lo hacen en realidad.

d.- Las personas y los objetos parecen de un tamaño mayor de la realidad.

15. Señala que se entiende por esquema de conexión a tierra:

a.- Es la forma de conectar la tierra a las masas de los equipos eléctricos de la instalación.

b.- Es la forma de conectar a tierra el neutro del transformador de distribución y las masas de los equipos.

c.- Es la forma de conectar el transformador para la medida de tierra.

d.- Es la forma de conectar equipotencialmente las masas de los equipos y tierra del transformador de distribución.

16. Las sobretensiones son:

   a.- Las perturbaciones que se superponen a la tensión nominalmente de la red.

   b.- Las tensiones nominales que sobrepasan los 440 V en corriente alterna.

   c.- Las componentes armónicas que se presentan en las líneas de distribución de energía eléctrica.

   d.- Las tensiones de origen atmosférico que se derivan a tierra por medio de seccionadores.

17. Los interruptores magnetotérmicos son relés de protección frente a:

   a.- Los contactos directos e indirectos.

   b.- Las descargas eléctricas.

   c.- Las sobrecargas y cortocircuitos.

   d.- Los defectos a tierra.

18. Las acometidas pueden ser:

   a.- Tensadas sobre poste.

   b.- Posada sobre fachada.

   c.- Subterráneas.

   d.- Aéreas subterráneas y mixtas.

19. En la caja general de protección se alojan:

a.- Los elementos de protección de la línea general de alimentación.

b.- Los elementos de mando.

c.- El interruptor de control de potencia.

d.- Los elementos de conexión.

20. La línea general de alimentación:

a.- Enlaza el cuadro de contadores con la vivienda del abonado.

b.- Enlaza la caja general de protección con la red pública.

c.- Enlaza la caja general de protección con el cuadro de contadores.

d.- Enlaza el cuadro de contadores con la red pública.

21. La previsión de potencia en un grado de electrificación básica es de:

a.- 4400 W.

b.- 10000 W.

c.- 5750 W.

d.- 9200 W.

22. La caída de tensión máxima permitida en la línea general de alimentación es:

    a.- 0,5 % para contadores centralizados y 1% para contadores parcialmente centralizados.

    b.- 0,5% en todos los casos.

    c.- 1% en todos los casos.

    d.- 1% para contadores centralizados y 0,5% para contadores parcialmente centralizados.

23. La sección del conductor de cobre de un pararrayos debe de ser de:

    a.- 40 mm^2

    b.- 25 mm^2

    c.- 50 mm^2

    d.- 100 mm^2

24. Para accionar una lámpara desde cinco puntos se necesitan:

    a.- Cinco conmutadores.

    b.- Tres conmutadores de cruce y dos normales.

    c.- Cinco conmutadores de cruce.

    d.- Dos conmutadores normales y dos de cruce.

25. Los grados de electrificación en viviendas son:

   a.- Básico, medio y elevado.

   b.- Mínima, media y máxima.

   c.- Mínima y básica.

   d.- Básica y elevada

26. El grado de electrificación básico consta de:

   a.- Cinco circuitos.

   b.- Doce circuitos.

   c.- Cuatro circuitos.

   d.- Dos circuitos

27. En locales que contienen ducha o bañera se deben de tener en cuenta los volúmenes:

   a.- 1, 2, 3 y 4.

   b.- 1 y 2.

   c.- 0, 1, 2 y 3.

   d.- 3 y 5

28. El alumbrado de evacuación debe proporcionar una iluminación mínima de:

   a.- 1 lux en todos los casos.

   b.- 1 lux en las zonas de evacuación y 5 lux en los puntos que estén situados los equipos contra incendios y cuadros eléctricos.

   c.- 5 lux en todos los casos.

d.- 5 lux en las zonas de evacuación y 1 lux en los puntos que estén situados los equipos contra incendios y cuadros eléctricos.

29. Cual es la composición de un equipo de contadores de edificio de viviendas:

a.- Interruptor general, interruptor diferencial e interruptores automáticos.

b.- Interruptor general, embarrado, fusibles, contadores, embarrado de protección y bornes de salida.

c.- Caja general de protección y fusibles de seguridad.

d.- Contadores y transformadores de intensidad y de tensión.

30. Un cuadro general de mando y protección sirve a 6 circuitos interiores le complementamos con:

a.- Se complementa con 1 ICP, 1 IGA, 6 IM y 1 ID.

b.- Se complementa con 1 ICP, 1 IGA, 6 IM 1 ID 1 relé ST.

c.- Se complementa con 1 ICP, 1 IGA, 6 IM y 2 ID.

d.- Se complementa con 1 ICP, 2 IGA, 6 IM, y 2 ID.

31. La distancia entre mecanismos eléctricos y canalizaciones de gas es:

    a.- 1,00 metro como mínimo.

    b.- 0,30 metro como mínimo.

    c.- 0,50 metro como mínimo.

    d.- 0,20 metro como mínimo.

32. En las inspecciones se considera un defecto grave:

    a.- El que constituye un peligro inmediato para las personas.

    b.- El que no constituye un peligro inminente para las personas, pero puede originar un fallo en la instalación.

    c.- El que altera el funcionamiento de la instalación.

    d.- El que no altera el funcionamiento normal de la instalación.

33. La misión del interruptor diferencial es:

a.- Reducir la intensidad de fuga en una parte intermedia de la instalación.

b.- Controlar que no se consuma más potencia de la inicialmente contratada.

c.- Proteger contra sobretensiones y sobreintensidades.

d.- Interruptor el suministro cuando la intensidad residual alcanza un valor especifico.

34. La resistencia de aislamiento para una vivienda es:

a.- ≥ 0,25 MΩ.

b.- ≥ 1,00 MΩ.

c.- ≥ 0,50 MΩ.

d.- ≥ 0,01 MΩ.

35. Como se puede comprobar el error absoluto de un aparato de medida:

a.- Con un sencillo cambio de polaridad en el instrumento.

b.- Cambiando las características del aparato.

c.- Como es un error humano no se puede comprobar.

d.- Por comparación entre dos instrumentos, uno de prueba y otro patrón.

36. Cual es la diferencia entre un amperímetro y un voltímetro:

   a.- Aparentemente son iguales.

   b.- El amperímetro se conecta en paralelo y el voltímetro en serie.

   c.- Uno sirve para comprobar la intensidad y el otro la resistencia eléctrica.

   d.- La construcción de las bobinas amperimétricas es con pocas espiras y en el voltímetro se construye con muchas espiras.

37. Para medir energía eléctrica podemos emplear:

   a.- Voltímetro.

   b.- Medidor de aislamiento.

   c.- Vatímetro y cronometro.

   d.- Polímetro.

38. En una instalación eléctrica que circule mucha intensidad ¿Cómo conectamos el amperímetro?:

   a.- Intercalando transformadores de tensión.

   b.- Con regletas de verificación intermedias.

   c.- No se puede realizar medida de intensidad.

   d.- Intercalando transformadores de intensidad.

39. Se denomina periodo valle u horas valle a:

    a.- Periodo en el que es más cara la energía.

    b.- Tramo de tarifación de invierno.

    c.- Periodo en el que es más barata la energía.

    d.- Tramo de tarifación de verano.

40. El aparato que empleamos para medir la resistencia de los electrodos de tierra es:

    a.- Amperímetro.

    b.- Telurómetro.

    c.- Medidor de fugas a tierra.

    d.- Vatímetro.

22) Examen de electrotecnia

1. Para regular la temperatura de los elementos de caldeo eléctrico se utiliza: (Realizar el esquema).

    a. El Presostato

    b. El Pirostato

    c. El Termostato

    d. El termistor

2. Indicar a qué corresponden los siguientes símbolos:

3. Problema:

Si se tiene un circuito eléctrico con 6 bobinas, 3 en serie y 3 en paralelo; averiguar la Bobina Resultante total si las 3 en serie son de 15 Henrys cada una y las 3 en paralelo son de 25 Henrys cada una. Esquematizar el circuito.

4. Indicar la Potencia máxima y mínima establecidas en el REBT, para la electrificación de Grado Básico y la de electrificación de Grado Elevado. Indicar el nombre de la ITC-BT correspondiente.

5. Problema.

Dados los siguientes circuitos eléctricos, calcular Intensidad, Voltaje y resistencia según la incógnita a resolver en cada circuito.

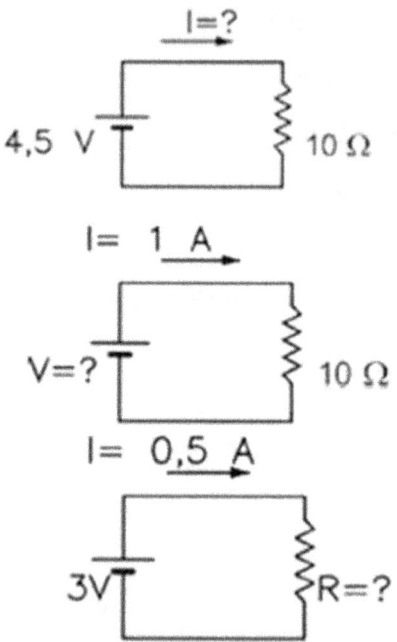

6. Las funciones de protección de un Interruptor Termomagnético y un Interruptor Diferencial, en un circuito eléctrico son las siguientes, respectivamente:

    a. Cortocircuito / Sobreintensidades. Protección de personas y animales / Recalentamientos

    c. Cortocircuitos, sobrecargas / Protección de personas y animales

d. Efecto Joule / Caída de tensión

7. Problema:

Se quiere determinar el gasto trimestral de un calefactor de 1200 W, que funciona por término medio, 6 horas al día. Precio del Kwh.: 0,40 euros.

8. En un Alternador Trifásico la f.e.m. de cada fase quedan desfasadas entre sí ¿A cuántos grados eléctricos?

> a. 360º grados
>
> b. 270º grados
>
> c. 120º grados
>
> d. 180º grados

9. ¿Qué tipo de conexiones se utilizan en la red trifásica?

> a. Estrella-Cuadrado.
>
> b. Cuadrado-Triángulo.
>
> c. Estrella-Redondo.
>
> d. Triángulo-Estrella.

10. ¿A qué frecuencia se genera electricidad en Europa?

> a. A 100 Hertz

b. A 200 Hertz

c. A 25 Hertz

d. A 50 Hertz

Práctico

Dado un circuito de automatismo de Potencia y Maniobra, (Marcha/Paro), para una caldera que consta de un motor trifásico de 5 HP y que tiene los siguientes componentes, realizar el esquema y calcular la *I* total del circuito.

Componentes:

1 Pulsador NA (Marcha) Con lámpara señal 25w.

1 Pulsador NC (Paro) Con lámpara señal 25 watts.

3 lámparas señalización de 25 watts, 1 por cada fase.

1 Relé Térmico con Contactos auxiliares NC y NA, con señalización de marcha y paro.

1 Contactor tripolar con Contacto Auxiliar de realimentación, con señalización lumínica en la bobina con lámpara de 25 watts.

1 Seta de emergencia.

23) Test Seguridad en las instalaciones eléctricas

1. La realización de una actividad tanto física como mental para conseguir un objetivo dado es lo que se define como:
   a) Salud laboral.
   b) Salud mental.
   c) Trabajo.

2. La referencia básica en la que se asienta toda la normativa sobre seguridad y salud en el trabajo es:
   a) La Ley de Prevención de Riesgos Laborales.
   b) La Ley de Seguridad e Higiene en el Trabajo.
   c) La Ley de Sanidad y Seguridad Social del Trabajador.

3. El conjunto de situaciones laborales que pueden originar daños para la salud del trabajador o trabajadora se denomina
   a) Ambiente de trabajo no deseado.
   b) Riesgos profesionales.
   c) Peligros profesionales.

4. Uno de las formas con las que se pretende conseguir mejorar las condiciones de seguridad y salud en el trabajo seria mediante:

a) Información, consulta, participación y formación de los trabajadores en materia preventiva.

b) Creación de un organismo a nivel europeo de medicina del trabajo.

c) Dotación a las empresas de subvenciones para la adecuar la seguridad laboral.

5. La evaluación de los riesgos laborales es el establecer prioridades para la eliminación y control de los riesgos. ¿El método que permite cuantificar la magnitud de los riesgos, considerando las consecuencias, la exposición y la probabilidad es?:

a) El método de PERT.

b) El método de William T. FINE.

c) El diagrama de GAUSS.

6. Toda actuación, sobre seguridad en el trabajo, implica la:

a) Detección y Evaluación de los riegos.

b) Control y Evaluación de los riesgos.

c) Detección, Evaluación y Control de los riesgos.

7. Una inspección de seguridad tiene por objeto fundamental:

a) Examinar dónde, cuándo y cómo se produce un accidente laboral.

b) Examinar las condiciones de trabajo, detectar los riesgos y localizar prácticas inseguras.

c) Detectar los riesgos, proponer correcciones y valorar el grado de peligrosidad.

8. A la posibilidad de circulación de una corriente eléctrica a través del cuerpo humano se llama:

a) Riesgo de electrocución.

b) Daño profesional.

c) Peligro profesional.

9. Los fenómenos fisiológicos provocados por la corriente eléctrica, son producidos por el paso de la corriente eléctrica por el organismo, y se deben:

a) Al valor de la tensión.

b) Al valor de la intensidad de la corriente.

c) A las corrientes de baja frecuencia.

10. Umbral de percepción es el valor de la corriente eléctrica que puede soportar una persona si, cuando sujeta con las manos un electrodo en tensión, sufre

una sensación de cosquilleo, no desagradable ni con dolor muscular. ¿El valor de la corriente es de 0,5 mA cualquiera que sea el tiempo de exposición?

   a) No, en corriente alterna es 16 mA y en corriente continua 76 mA.

   b) No, la definición se refiere a corriente límite de control muscular.

   c) Sí, es correcto.

11. El umbral de contracción muscular es aquel que produce una contracción violenta de los músculos contractores o extensores dejando a la persona pegada al conductor (la persona es incapaz de soltarse por sí sola) o proyectándola violentamente, la norma UNE correspondiente lo llama umbral de no soltar y fija su valor en:

   a) 1mA.

   b) 10 mA.

   c) 100 mA.

12. El anterior reglamento (REBT) fijaba como tensiones de seguridad las de 24 V, valor eficaz, para emplazamientos húmedos, y 50 V para emplazamientos secos. El actual reglamento no define "tensión de seguridad" pero considera tres

tipos de instalaciones a muy baja tensión (de Seguridad, de Protección y Funcional). En los tres casos la tensión nominal no excede:

a) 24 V en corriente alterna y 50 voltios en corriente continua.

b) 50 V en corriente alterna y 50 voltios en corriente continua.

c) 50 V en corriente alterna y 75 voltios en corriente continua.

13. ¿A partir de qué tiempo se puede producir la fibrilación ventricular del corazón?

a) 0,15 segundos.

b) 0,30 segundos.

c) 0,60 segundos.

14. Una sobrecarga se origina por un exceso de demanda de corriente. ¿Los dispositivos de protección de máxima corriente son?:

a) Los fusibles y el interruptor diferencial.

b) El interruptor diferencial y los magnetotérmicos.

c) Los magnetotérmicos y los fusibles.

15. Si tocamos la carcasa metálica de un aparato eléctrico y sentimos un hormigueo o un calambre, es

debido a la corriente de fuga o de defecto, por un fallo del aislante del aparato. ¿Esta corriente es la que detectaría abriendo el circuito?:

a) El fusible.

b) El interruptor magnetotérmico.

c) El interruptor diferencial.

16. El contacto de personas con partes activas (fases o neutro) de una instalación, o con partes de las mismas que normalmente están bajo tensión, reciben el nombre de:

a) Contacto eléctrico directo.

b) Contacto eléctrico indirecto.

c) Contacto eléctrico por contacto.

17. Un accidente donde se produce un choque eléctrico, sin que la persona llegue a tocar físicamente la parte metálica de la instalación que se halla a tensión (por ejemplo una grúa metálica que se aproxima a una línea de Alta Tensión), se debe a que se acorta la distancia mínima de seguridad y se supera el valor de aislamiento del aire. ¿Qué se provoca con ello?

a) La descarga disruptiva y un contacto directo.

b) La descarga disruptiva y un contacto indirecto

c) El arco eléctrico y una descarga por contacto accidental.

18. Un operario, que realiza un trabajo en un cuadro de maniobra de una instalación eléctrica, con la herramienta y el equipo de protección adecuado, detecta que el destornillador tiene una pequeña grieta. ¿Qué tipo de accidente se puede producir en el operario, al trabajar bajo tensión, con el destornillador descrito?

a) Un accidente eléctrico por contacto directo.

b) Un accidente eléctrico por contacto indirecto.

c) Un accidente eléctrico por contacto accidental.

19. En una vivienda tenemos el diferencial de alta sensibilidad, o sea que ID = 0,03 Amperios. En este caso y considerando que ciertas partes de la casa pueden considerarse conductoras, como la cocina y el baño, tomaremos una VD = 24 V. ¿Qué valor teórico tendrá la resistencia de tierra?

a) 8 ohmios.

b) 80 ohmios.

c) 800 ohmios.

20. La herramienta eléctrica portátil manual utilizada por un operario en una obra es de clase II. ¿Qué nos indica?

    a) Que su conexión debe realizarse a muy baja tensión.

    b) Que tiene que tener una conexión a la toma de tierra.

    c) Que no es necesaria ninguna protección de seguridad.

21. Los tipos de esquemas de puesta a tierra son TN, TT e IT. Si tienen un punto de la alimentación, generalmente el neutro, conectado directamente a tierra y las masas de la instalación receptora conectadas a dicho punto mediante conductores de protección ¿A qué tipo nos estamos refiriendo?

    a) Esquema TN.

    b) Esquema TT.

    c) Esquema IT.

22. Igualar las tensiones existentes entre dos masas distintas recibe el nombre de:

    a) Conexión a masa común.

    b) Conexión por separación eléctrica.

    c) Conexión equipotencial.

23. Para la puesta a tierra se colocan electrodos enterrados. ¿Cuáles son los apropiados?

a) Tuberías de agua.

b) Placas metálicas.

c) Red de calefacción central.

24. En un esquema TT, ¿Qué inconveniente presenta un magnetotérmico como dispositivo de corte?

a) Precisa una intensidad de corte muy elevada y es difícil encontrar aparatos que la soporten.

b) Precisa una resistencia de tierra muy baja y es difícil de mantener.

c) No existen inconvenientes en su utilización.

25. La corriente que circula debido a un fallo de aislamiento, ¿Qué nombre recibe?

a) Corriente de defecto.

b) Corriente de cortocircuito.

c) Corriente de defecto a tierra.

26. La sección mínima del conductor neutro en redes aéreas y subterráneas es:

a) 16 mm^2

b) 25 mm^2

c) 35 mm^2

27. ¿Qué protección proporciona el doble aislamiento en un equipo eléctrico?

a) Contra el paso de corriente por contacto eléctrico indirecto.

b) Contra el paso de corriente por contacto eléctrico directo.

c) Contra los efectos de un arco eléctrico.

28.   Cualquier equipo, prenda o complemento que debe llevar la persona que trabaja, para que le proteja de uno o varios riesgos que puedan amenazar su seguridad o su salud. ¿Se denomina?

a) Equipo de Seguridad del Trabajador (EST).

b) Equipo de Trabajo y Maniobra (ETM).

c) Equipo de Protección Individual (EPI).

29. Las señales tienen como misión la de informarnos sobre una situación de riesgo. Si en la industria aparece una señal de forma redonda, con color blanco de fondo, orla roja y figura negra. ¿A qué tipo de señal nos referimos?

a) Señal de Prohibición.

b) Señal de Obligación.

c) Señal de Advertencia.

30. Un conductor eléctrico que tiene un recubrimiento de color azul claro ¿Qué significa?

   a) Que es un conductor de fase.

   b) Que es un conductor neutro.

   c) Que es un conductor de protección.

31. ¿Qué agente extintor utilizaremos una vez que se ha producido un incendio, si este es un fuego eléctrico?

   a) Agua proyectada.

   b) Nieve carbónica.

   c) Espuma física.

32. ¿De qué forma se procederá a la reposición de los fusibles o cortacircuitos, al fundirse, en una instalación eléctrica?

   a) Siempre con tensión en la instalación

   b) Está prohibido reponer el fusible con tensión en la instalación

   c) Indistintamente con tensión o sin tensión en la instalación.

33. ¿Qué órgano de mando debe de sobresalir de la caja donde va alojado, para facilitar su accionamiento?

a) Paro de emergencia.

b) Paro normal.

c) Ninguno de los dos, los órganos de mando no deben de sobresalir de la caja para evitar el accionamiento involuntario.

34. La mayor parte de los accidentes que se producen en los trabajos en tensión son debidos a:

a) No cubrir adecuadamente las partes en tensión y las masas.

b) No utilizar guantes de protección mecánica.

c) No utilizar discriminadores de tensión.

35. En todos los trabajos en tensión en baja tensión siempre se debe utilizar obligatoriamente:

a) Guantes y herramientas aislantes.

b) Guantes y cinturón de seguridad.

c) Banquetas y cinturón de seguridad.

36. Una toma de corriente de seguridad es aquella que:

a) Suministra una tensión de seguridad.

b) Tiene una IP20.

c) Se realiza mediante un transformador de separación de circuitos.

37. Un dispositivo de seguridad en una máquina tiene por misión:

a) Reconocer las zonas de riesgo de la máquina.

b) Eliminar o reducir el peligro.

c) Neutralizar las medidas de seguridad integradas.

38. Una de las formas que sirven para sofocar de la manera más rápida posible un incendio es la BIE ¿Qué es una BIE?

a) Boca de Incendio Especial

b) Boca de Incendio Equipada

c) Base Interna del Extintor

39. Cuando una persona está inconsciente, ¿Cuál es la forma adecuada de colocarle?

a) Tumbado boca arriba

b) Tumbado de lado

c) Tumbado boca arriba con la cabeza ladeada y las piernas elevadas.

40. Ante una herida con hemorragia la primera medida a tomar es:

a) Hacer un torniquete

b) Presionar la arteria por encima de la herida

c) Cubrir la herida con una gasa y taponarla

Prácticos

1. Uno de los elementos protección, contra contactos indirectos en las instalaciones eléctricas, es el dispositivo de corte por intensidad de defecto (interruptor diferencial).

– Explicar la misión del citado dispositivo

– Realizar un esquema del mismo y explicar su funcionamiento

– Tipos y campos de aplicación

2. Antes de iniciar cualquier trabajo en una instalación eléctrica, es necesario identificar tanto la instalación como el conductor o equipo donde se vaya a realizar dicho trabajo, teniendo presente que siempre se considerará que las instalaciones están bajo tensión, hasta que se compruebe la ausencia de ésta mediante aparatos destinados a tal fin. Decir las operaciones y maniobras necesarias para dejar sin tensión una instalación, de forma segura, antes de realizar un trabajo sin tensión en dicha instalación (cinco reglas de oro). Explíquelas indicando, prioritariamente, el orden en que se deben ejecutar.

24) Problemas de electrónica

1. Calcula la resistencia equivalente de los siguientes circuitos:

a)

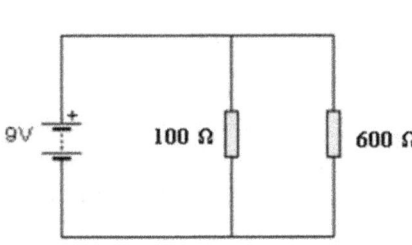

b)

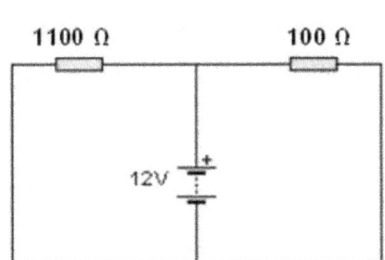

c)

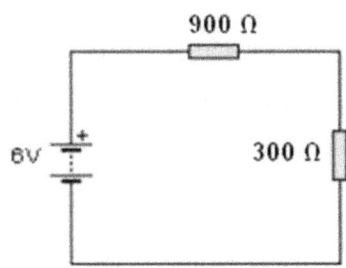

d)

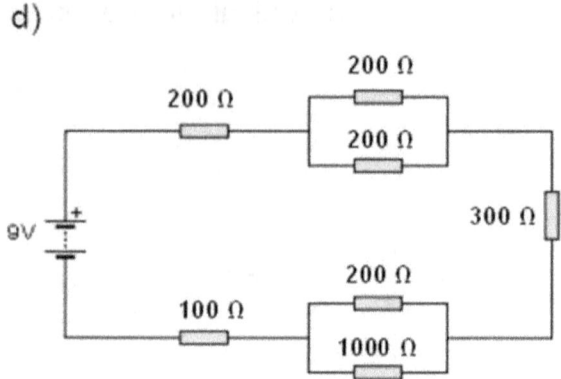

2. Calcula el valor de la capacidad de un condensador cuyas placas tienen una carga 20 C cuando se le somete a una diferencia de potencial de 100 V.

3. Calcula la carga de un condensador cuya capacidad es de 2 Faradios, estando sometido a una tensión de 60v.

4. A que voltaje habrá que someter un condensador de 3 Faradios para que la carga entre sus placas sea de 150 C.

5. Calcula la capacidad equivalente de los siguientes circuitos.

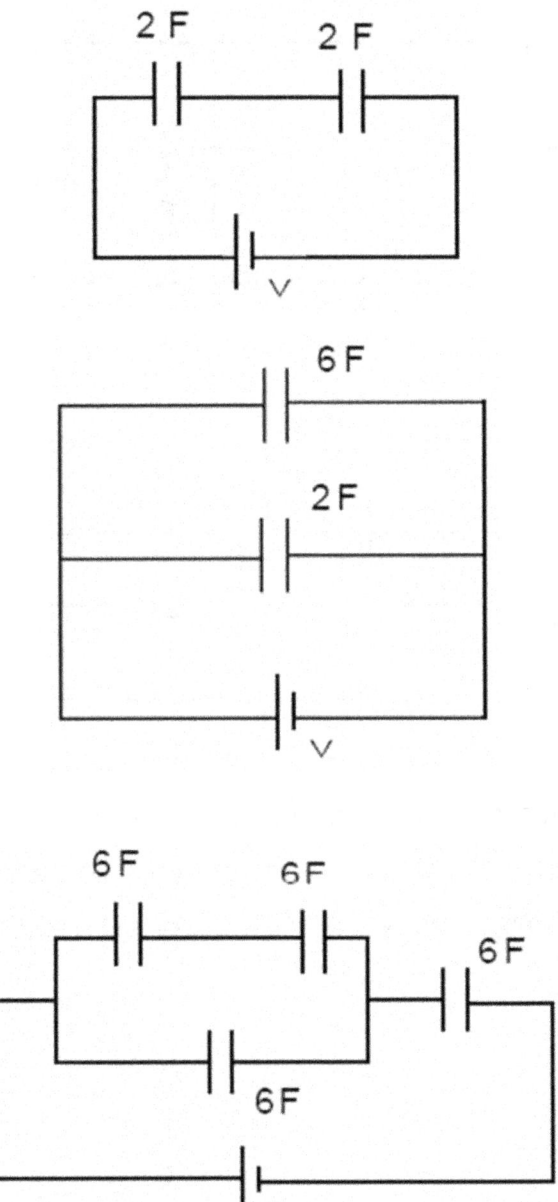

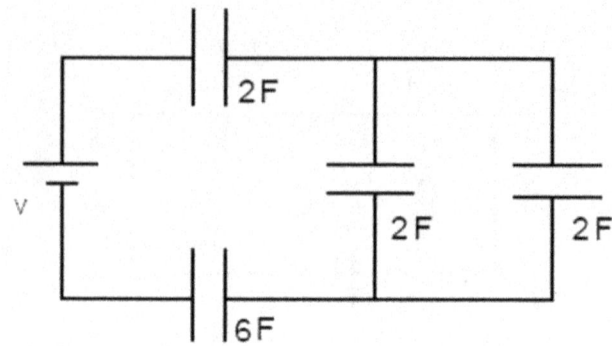

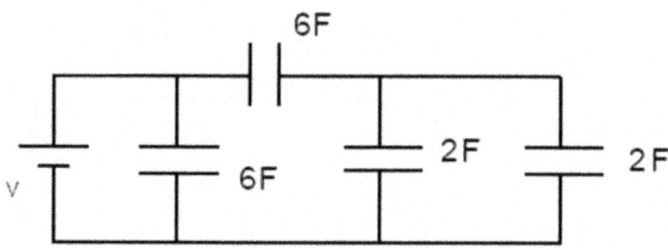

6. Calcula en el siguiente circuito: la tensión aportada por la pila (Vpila) y las caídas de tensión en R1 y R2 (VR1 y VR2). Datos: R1=16 Ω; R2=8 Ω; I=0,5 A.

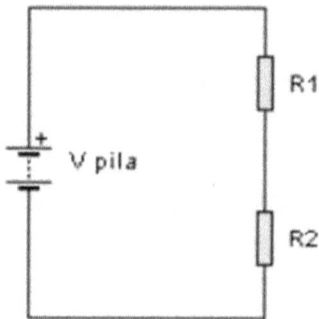

7. Calcula el valor de la resistencia R2, sabiendo que: E=24 V; I=0,18 A; R1=100 Ω.

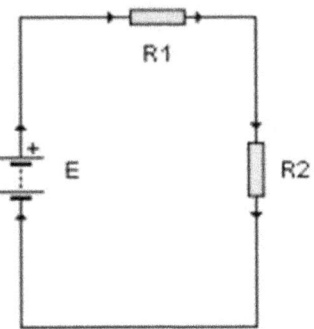

8. Calcula el valor de las resistencias del circuito siguiente. Datos: E=1,5 V; VR1=0,5V; I=0,25A

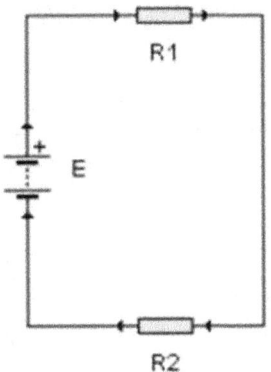

9. En el circuito de la figura, calcula la resistencia equivalente y la intensidad total que la recorre:

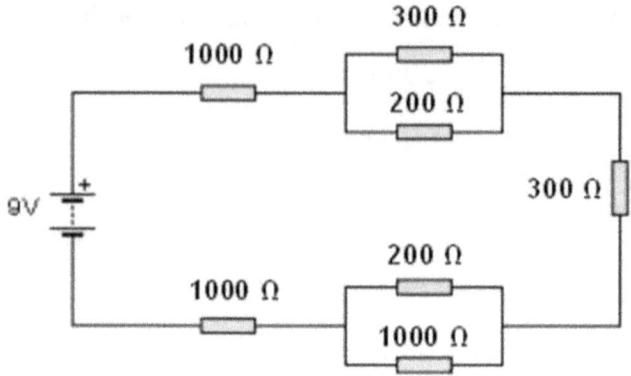

10. En el circuito de la figura, calcula el valor de I_1, I2 e I_3. Calcula la potencia disipada por las resistencias de 300 Ω.

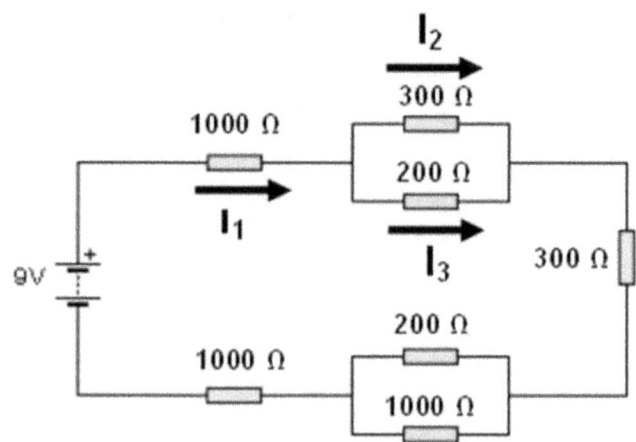

11. Calcula el valor de las intensidades que recorren a R2 y R3, la potencia disipada por R1 y la caída de tensión en R4. Datos: E=15 V; R1=1000 Ω; R2=2000 Ω; R3=3000, Ω; R4=4000 Ω;

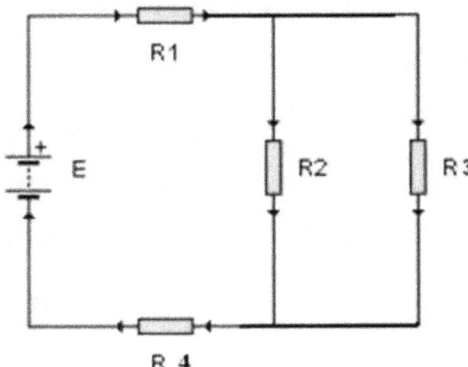

12. Calcula el valor de la intensidad total y la potencia total disipada por del circuito de la figura.

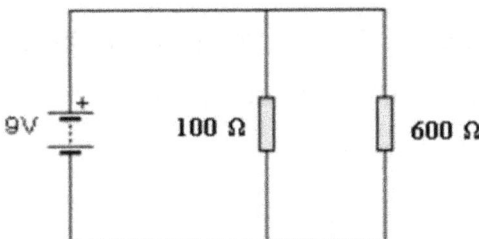

13. Calcula el valor de la intensidad total y la potencia disipada por cada una de las resistencias del circuito de la figura.

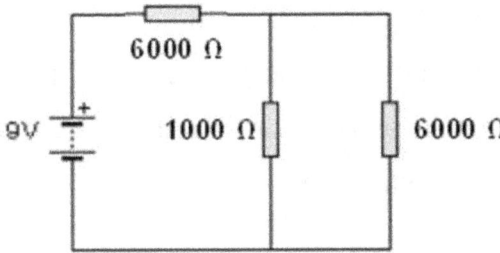

14. Determina que lámparas se encenderán al conectar el interruptor:

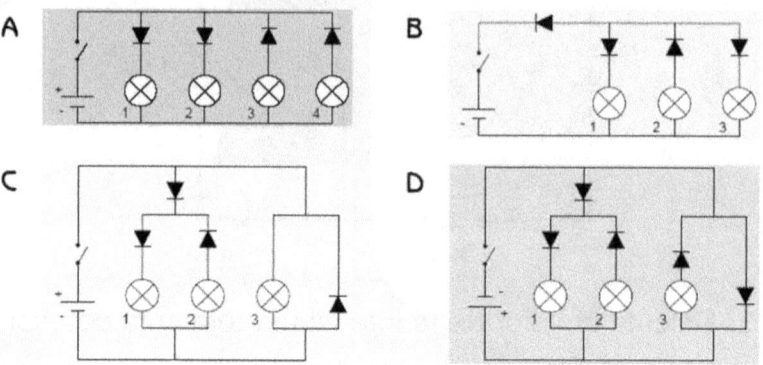

15. El diodo LED del circuito soporta una corriente máxima de 0,001 A. Determina el valor de R para que el diodo no se queme.

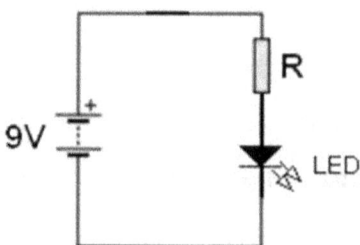

16. El diodo D_1 soporta una corriente máxima de 0,001 A y el diodo D soporta una corriente máxima de 0.02 A. Calcula el valor de R para que ambos diodos funcionen correctamente.

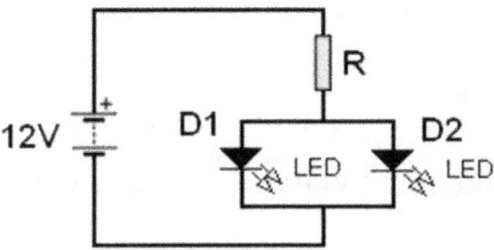

17. Los diodos LED's de la figura soportan una corriente máxima de 0.003 A.

Determina el valor de R_1 y R para que ambos diodos no se quemen.

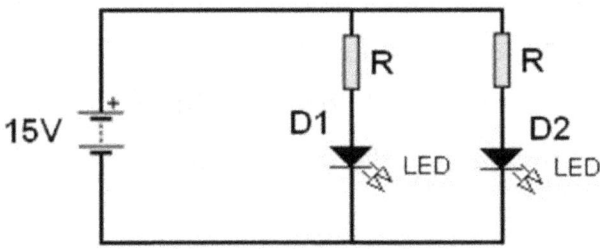

25) Problemas con R-L-C

1. Hallar la energía almacenada en una bobina de 20 mH cuando es recorrida por una corriente de 2 amperios.

2. Un condensador se carga a 60 voltios, desarrollando una energía de 4.000 julios. Hallar la carga adquirida.

3. Una bobina de 50mH y una resistencia de 200 Ω en serie se conectan a una red de c a de 125v/50Hz. Hallar la Z total, la I total, el Cosφ y la caída de tensión en cada uno de los elementos.

4. Un generador de c a de 100v alimenta una resistencia de 30 ohmios y una bobina cuya X_L = 40 ohmios conectadas en serie. Calcular la impedancia total, la intensidad del circuito, y el ángulo φ = 9,78V

5. ¿Qué resistencia ha de conectarse en serie con una bobina de 0,5 Henrios, si con una tensión alterna senoidal de 1 Khz aplicada debe producir la misma caída de tensión en la bobina que en la resistencia?

6. Una resistencia de 5 Ω y una bobina de 43 mH en serie se alimentan con una c a cuya frecuencia es de 60 Hz, produciendo una corriente eficaz en el circuito de 8 mA. ¿Cuál es el valor de la tensión aplicada?

7. Una resistencia de 8 ohmios, una L = 40mH y una C = 485,5 µF en serie, se alimentan a 220v/50Hz. Hallar el valor de la corriente que recorre el circuito.

8. Un circuito serie formado por una resistencia de 10 Ω y un condensador de 480 µF se alimenta con una tensión alterna senoidal de 220V/50Hz. Hallar la impedancia del circuito, en módulo y argumento; la corriente eficaz por el circuito y su desfase respecto de la tensión; la caída de tensión en la resistencia y el condensador; el factor de potencia y las potencias del circuito.

9. Una bobina tiene una resistencia óhmica de 10Ω. Su reactancia inductiva es de 8 Ω. Si la conectamos a una red de 60 voltios, hallar la intensidad del circuito y El ángulo de desfase entre la tensión aplicada y la corriente.

10. Un circuito serie está formado por 4 resistencias de 4, 2, 1 y 1 ohmio respectivamente; por tres bobinas cuyas reactancias son 3, 5 y 2 ohmios respectivamente; y por dos condensadores de 2 ohmios de reactancia capacitiva cada uno. Si se conecta a 220v/50Hz, ¿Qué corriente circula por el circuito?

11. Una R = 10 ohmios y una bombilla cuya X = 8 ohmios se conectan en paralelo a 125voltios de c a. Hallar la impedancia total del circuito, así como la intensidad que circula por cada rama.

12. Una bobina de 1H y una R = 400Ω en paralelo, se alimentan a 220V/50Hz. Hallar las admitancias y las corrientes.

13. ¿Qué corriente atraviesa un condensador de 16 µF que está sometido a una tensión de 200V/100Hz?

14. En un circuito hay conectadas en serie una resistencia de 20Ω y una autoinducción alimentadas con una tensión alterna senoidal de 120V/50Hz. Hallar el coeficiente de autoinducción L y el coseno de φ si la corriente que circula por el circuito es de 2A.

15. Qué capacidad ha de conectarse en serie con una R = 4K si la caída de tensión en la resistencia debe ser 10 veces la caída de tensión en el condensador. La frecuencia de la tensión aplicada es de 100 Hz.

16. Una lámpara de incandescencia consume 70 mA. Se conecta, en serie, con un condensador de 0,5 µF a una red de corriente alterna de 50V/50Hz. Hallar la impedancia total del circuito, así como la corriente que lo recorre.

17. Una R =30 Ω y una L = 160 mH en serie se conectan a 200v/40 Hz. Hallar: la reactancia inductiva, X_L; la impedancia total, Z; I; V

18. Una R = 10 Ω, una L = 0,5 H y un condensador de 20 µF en serie, ¿Qué impedancia presentan?

19. Hallar las potencias activa, reactiva y aparente de un circuito formado por una bobina de 0,5 Henrios y una resistencia de 1.000 Ω conectadas en serie y alimentadas a 100v/200Hz.

20. Una R = 10 Ω, una L = 160 mH y un condensador de 50µF en serie se alimentan a 206v/40Hz. Hallar: Zt e It.

21. Una R = 14Ω, una L = 10H y un C = 0,25 µF en serie se alimentan a 182v/100Hz. Hallar: Z, I, V, R, V, L, Vc, Pac, Preac y Pap. R y V_L

.

22. Una R = 14 Ω, una L = 10 mH y un condensador de 0,25 µF en serie se alimentan con una tensión alterna senoidal de 182v/100Hz. Hallar: Zt, It, V_L, Vc, V.

23. Una R = 4 Ω, una L cuya X_R, Pac, Preac y Pap. = 20 Ω y un condensador cuya Xc = 15 Ω se conectan en serie a una tensión de 128v. Hallar: Zt, It, V_L, Vc, Vr, Pac, Preac y Pap. También el Cos φ y el ángulo φ.

24. Un circuito R-L-C serie está formado por una R de 4,9 Ω, una bobina cuya X = 5,66 Ω y un condensador cuya Xc = 4,66 Ω. Se alimenta con una tensión alterna senoidal de 200v/50Hz. Hallar Zt; It; V_R; V_L; Vc; Pac; Preac; Pap y Cos φ.

25. Una R = 50 Ω, una L = 12 mH y un condensador de 500 µF en serie se conectan a 220v/50Hz. Hallar Zt, Cos φ, el ángulo φ, V, Vc, Pac, Preac, y Pap.

26. Una R = 4 Ω, una bobina cuya X_L = 20 Ω, y un condensador cuya X = 15 Ω en serie se conectan a 128v. Hallar Zt, Cos φ, el ángulo φ, VC, VL, Vc, Pac, Preac, y Pap.

27. Se conectan una resistencia de 80 KΩ y una bobina de 5H en paralelo. Hallar la tensión (y la frecuencia) que hay que aplicarle para que la corriente que circule por la bobina sea igual a la que circule por la bobina sea igual a la que circule por la resistencia.

28. ¿Cuál es la autoinducción de una bobina cuya R es de 4Ω si para una frecuencia de 6.369,4 Hz tiene un factor de calidad Q = 20?

26) Ejercicios de electrotecnia (Ingeniería eléctrica)

1. Calcular:

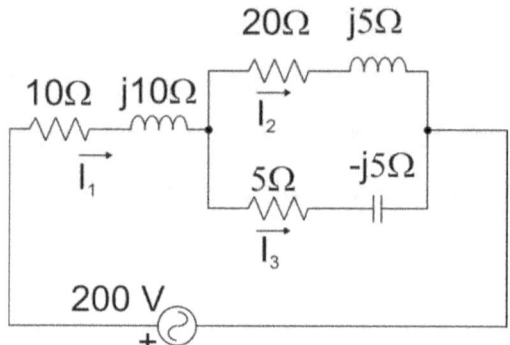

- La impedancia equivalente que ve la fuente de tensión.

- Las corrientes I_1, I_2 y I_3.

- Las potencias activa, reactiva y aparente además del factor de potencia del conjunto.

2. Supongamos que tenemos un motor monofásico de 5 kW con un factor de potencia de 0.7 a 220 V y 50 Hz.

¿De qué características será la batería de condensadores para mejorar el factor de potencia a 0.95?

¿Cuál será la nueva corriente por la red eléctrica?

¿Cuál será la corriente por los condensadores?

¿Cuál es la potencia aparente antes y después de corregir el FP?

3. Un transformador monofásico de 125 kVA. 300/380V, 50 Hz, ha dado los siguientes resultados en unos ensayos:

Vacío: 3000 V, 0.8 A, 1000 W (medidos en el primario).

Cortocircuito: 10 V, 300 A, 750 W (medidos en el secundario).

Calcular:

- Los parámetros del circuito equivalente aproximado reducido al primario.

- Potencia de pérdidas en el cobre (bobinado) a plena carga.

- La regulación cuando tenemos conectado una carga con un factor de potencia de 0.8 inductivo.

- Tensión secundaria en este caso.

- El rendimiento del transformador en este caso.

4. Disponemos de un motor asíncrono trifásico en cuya placa de características figuran los siguientes

datos: 0.3 kW, 400/230V, 0.63/1.1 A, FP=0.8, 1420 rpm, y frecuencia 50 Hz

Calcular:

- El número de polos del motor.

- El deslizamiento a plena carga.

- Par útil.

- Potencia absorbida.

5. Calcular:

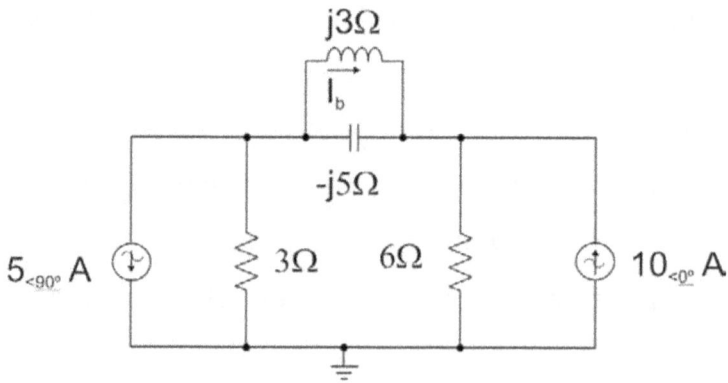

- La caída de voltaje en la fuente de corriente de 10 A efectivos.

- La corriente, Ib, que circula por la bobina.

- Las potencias activa, reactiva y aparente además del factor de potencia visto por la fuente de corriente de 10 A efectivos.

6. El alumbrado de una sala de dibujo se compone de 50 lámparas fluorescentes de 40W/230V con un PF de 0,6. Dimensionar la batería de condensadores que será necesario conectar a la línea general que alimenta a esta instalación para corregir el FP a 0,97. Averiguar el calibre de los fusibles para proteger los condensadores, teniendo en cuenta que los elementos de protección para condensadores deben de dimensionarse como mínimo 1,6 veces la intensidad que debe pasar por los condensadores, de esta forma se evita la fusión intempestiva de los fusibles en la conexión (al conectarse los condensadores a la red, aparece una corriente de carga muy brusca que puede fundir los fusibles).

¿Cuál es la potencia aparente antes y después de corregir el FP?

7. Un transformador monofásico de 10 kVA, relación 1000/100 V, 50 Hz, ha dado los siguientes parámetros suministrados por el fabricante: Pérdidas en el núcleo de hierro 200W, Ecc=10%, EXcc=8%. Suponiendo que el transformador alimenta una carga que absorbe una corriente de 50 A con un FP=0.707 inductivo (la tensión primaria se supone que es de 1000 V).

Calcular:

- Los parámetros del circuito equivalente aproximado reducido al primario, no se tienen en cuenta la contribución del núcleo de hierro (rama vertical del modelo),
- El índice de carga
- La regulación,
- Tensión secundaria,
- Potencia activa aplicada a la carga
- Potencia de pérdidas en el cobre (bobinado),
- El rendimiento del transformador.

8. Disponemos de un motor asíncrono trifásico en cuya placa de características figuran los siguientes datos: 11 kW, 230/400 V, 40/23 A, FP=0.8, 975 rpm y frecuencia 50Hz.

Calcular:

- El número de polos del motor.
- El deslizamiento a plena carga.
- Par útil.
- Frecuencia de la corriente del rotor.

27) Problemas de máquinas asíncronas

1. Un motor trifásico conectado en estrella de 15 CV, 380 V, 50 Hz, 4 polos, ha dado los siguientes resultados en unos ensayos: Vacío, 280 V, 3 A, 700 W. Cortocircuito, 100 V, 20 A, 1200 W. Si la resistencia de cada fase del devanado primario es igual a 0.5 Ω y las pérdidas mecánicas son de 250 W, calcular los parámetros del circuito equivalente del motor.

2. Un motor asíncrono trifásico de rotor devanado, 4 polos, se conecta a una red trifásica de 380 V de tensión compuesta. El estator y el rotor están conectados en estrella. La relación de transformaciones de tensiones coincide con la de corrientes y es igual a 2.5. Los parámetros del circuito equivalente del motor por fase son: R_1=0.5 Ω, X_1=1.5 Ω, R_2=0.1 Ω, X_2=0.2 Ω, R_{Fe}=360Ω, X_μ=40 Ω. Las pérdidas mecánicas son de 250 W. Si el deslizamiento a plena carga es del 5%, calcular utilizando el circuito equivalente aproximado del motor:
1) Corriente del estator.
2) Corriente del rotor.

3) Corriente I_o.

4) Pérdidas en el hierro.

5) Potencia activa y reactiva absorbida por el motor de la red.

6) Potencia mecánica interna.

7) Potencia mecánica útil.

8) Rendimiento del motor

9) Corriente de arranque y su FP

3. La potencia absorbida por un motor asíncrono trifásico de 4 polos, 50 Hz, es de 4.76 KW, cuando gira a 1435 r.p.m. Las pérdidas totales en el estator son de 265 W y las del rozamiento y ventilación son de 300 W.

Calcular:

1) El deslizamiento

2) Las pérdidas en el cobre del rotor.

3) Potencia útil en el árbol del motor

4) Rendimiento

4. Un motor de inducción trifásico, de 8 polos, 10 CV, 380 V, 50 Hz, gira a 720 r.p.m. a plena carga. Si el rendimiento y FP a esta carga es del 83% y 0.75, respectivamente.

Calcular

1) Velocidad de sincronismo del campo giratorio.

2) Deslizamiento a plena carga.

3) Corriente de línea.

4) Par en el árbol de la máquina.

5. Un motor asíncrono trifásico en jaula de ardilla, conectado en estrella, de 3.5 KW, 220 V, 6 polos, 50 Hz, ha dado los siguientes resultados en unos ensayos. Ensayo de vacío o de rotor libre: Tensión compuesta aplicada 220 V, corriente de línea del estator 3.16 A, potencia absorbida en el ensayo 590 W. Se sabe también que las pérdidas mecánicas (rozamiento más ventilación) a velocidades cercanas a la asignada son de 312 W. (Se pueden despreciar en este ensayo las pérdidas en el cobre del estator).
Ensayo de cortocircuito o de rotor bloqueado: tensión compuesta aplicada 34.3 V, corriente de línea 14.5 A, potencia absorbida 710 W. A la temperatura de funcionamiento, la resistencia entre dos terminales cualesquiera del estator es de 0.48 Ω. Si se conecta el motor a una red trifásica de 220 V de línea y se considera aceptable utilizar el circuito equivalente aproximado del motor.
Calcular:

1) Parámetros del circuito equivalente aproximado del motor reducido al estator.

2) Si el motor gira a 960 r.p.m. determinar:

a) potencia mecánica útil en el eje suministrada por el motor,

b) corriente de línea absorbida por el motor de la red,

d) rendimiento del motor,

e) par mecánico útil en el eje.

28) Problemas de máquinas síncronas

1. Un alternador trifásico, conectado en estrella, de potencia nominal 200 KVA, 8 polos, gira a 750 r.p.m. y tiene 346 espiras por fase, en las que se genera una f.e.m. de 3465V. El coeficiente de distribución del devanado inducido es   0.96 y el coeficiente de acortamiento 0.97.

Calcular cuando funciona a plena carga:

  a) Flujo útil por polo.

  b) Tensión de línea en vacío.

  c) Intensidad que suministra a plena carga, despreciando la caída de tensión interna (tensión en vacío igual a tensión en carga).

2. Un alternador trifásico, con el inducido conectado en estrella, está suministrando una potencia de 10000 kW con una tensión de línea de 20 kV y con una intensidad de línea de 400 A. Calcular:

  a) Potencia aparente.

  b) Factor de potencia de la carga.

  c) Valor de la f.e.m. engendrada por fase si la reactancia por fase es 1 Ω, y la resistencia óhmica por fase despreciable.

3. Un alternador trifásico conectado en estrella de 150 kVA, 1100 V, 50 Hz, 1500 r.p.m. se ensaya en vacío con una intensidad de excitación 12 A y se obtiene una tensión de línea a 1500 r.p.m. de 320 V. En el ensayo en cortocircuito a 1500 r.p.m. e intensidad de excitación 12 A se obtiene una intensidad de línea de 78,7 A. Calcular:

a) Reactancia síncrona siendo despreciable la resistencia por fase.

b) Valor de f.e.m. necesaria por fase para mantener la tensión de línea en bornes a 1100 V, funcionando a plena carga con factores de potencia: 0,8 en retraso, 0,6 en adelanto y la unidad.

4. Un motor síncrono de 500 CV, 600V, 50Hz, trifásico, con el inducido conectado en estrella, tiene una resistencia despreciable y una reactancia síncrona por fase de 3 Ω. Calcular la fuerza contraelectromotriz por fase a plena carga con factor de potencia 0,8 en adelanto y rendimiento 92 %.

5. Motor síncrono trifásico, tetrapolar, con devanado inducido conectado en estrella y factor de potencia 0,8 en retraso consume 100 kVA a 6000 V, 50 Hz. Si su

reactancia síncrona de fase es de 6 Ω y su resistencia despreciable, calcular:

a) El valor de fase f.c.e.m. de fase.

b) Potencia activa que consume el motor.

c) Potencia activa que suministra el motor si su rendimiento es el 90 %. d) Momento de rotación útil.

6. Una instalación trifásica consume 720 kVA a 20 kV, 50 Hz, con factor de potencia 0,6 en retraso. Se utiliza un motor síncrono para elevar el factor de potencia a 0,9, funcionando en vacío. Calcular:

a) Intensidad de línea que consume la instalación antes de la conexión del motor.

b) Potencia reactiva del motor.

c) Intensidad del línea después de conectado el motor, despreciando la potencia activa consumida por el mismo.

7. Un alternador trifásico con el inducido conectado en estrella, de 250 kVA, 10 KV, 50Hz, tiene de reactancia de fase 5 Ω y resistencia despreciable. Calcular el valor de la f.e.m. que debe generar por fase a plena carga:

a) Con factor de potencia unidad.

b) Con factor de potencia 0,8 y carga inductiva.

c) Con factor de potencia 0,8 y carga capacitiva.

8. El inducido de un alternador monofásico de 60 KVA a 220 V y 60 Hz, tiene una resistencia de 0.016 Ω y una reactancia de 0.070 Ω. Calcular:

a) la f.e.m. inducida sabiendo que el factor de potencia de la carga es la unidad.

b) la f.e.m. suponiendo una carga inductiva que produce un factor de potencia de 0.7.

9. Disponemos de un alternador trifásico, conectado en estrella, de 1500 kVA, 2300 V y 60 Hz, al que sometemos a los siguientes ensayos:

a) Ensayo de resistencia en c.c., con una tensión entre fases de 6 V obtenemos una intensidad de corriente por fase de 50 A.

b) Ensayo en vacío a su velocidad nominal: con una de excitación de 240 A medimos una tensión de línea de vacío de 2180 V.

c) Ensayo de cortocircuito a la misma velocidad, con una intensidad de excitación de 240 A, medimos una corriente de cortocircuito de 1400 A.

Calcular:

a) Resistencia efectiva por fase considerando un coeficiente por efecto superficial de 1.5.

b) Impedancia síncrona.

c) Reactancia por fase

---

29) Examen oficial instalaciones eléctricas de enlace y centros de transformación

1. Indica a qué categoría pertenece una red de 45kV:

    a/ 1ª Categoría.

    b/ 2ª Categoría.

    c/ 3ª Categoría.

2. La función de un seccionador es la siguiente:

    a/ Abrir un circuito que está sometido a carga.

    b/ Cortar la corriente que circula por un circuito.

    c/ Aislar dos tramos de un circuito de forma visible.

3. Una autoválvula tiene como misión:

    a/ Regular el flujo de corriente en una línea.

    b/ Proteger de sobretensiones.

    c/ Evitar el desprendimiento de gases en un transformador.

4. El apoyo cuya finalidad es proporcionar puntos firmes en la línea, que limiten e impidan la destrucción de la misma cuando se rompe un conductor o apoyo, se denomina:

a/ Apoyo de alineación.

b/ Apoyo de ángulo.

c/ Apoyo de anclaje.

d/ Apoyo de fin de línea.

5. Un relé Bucholz es:

a/ Un elemento de protección de un

transformador.

b/ Un elemento de protección de una línea.

c/ Un relé que protege un alternador.

d/ Ninguna de las anteriores.

6. Señala qué afirmación de las siguientes sobre un seccionador es falsa:

a/ Es capaz de abrir o cerrar un circuito cuando la corriente es despreciable.

b/ La maniobra debe realizarse en vacío.

c/ Posee capacidad de corte.

d/ Permite un corte visible.

7. Se llama tensión de contacto a:

a/ La tensión que puede aparecer entre los pies como consecuencia de una derivación a tierra.

b/ La tensión a que puede quedar sometido un operario cuando toca una masa accidentalmente puesta en tensión.

c/ La tensión a que queda sometida una persona al tocar la fase de una línea.

d/ Una tensión de defecto en contacto con tierra.

8. Indica qué afirmación sobre un centro de transformación es falsa:

a/ No se debe accionar un seccionador en carga.

b/ Antes de cortar servicio en un circuito en carga, accionar primero el interruptor.

c/ Antes de cerrar un seccionador de puesta a tierra, comprobar la ausencia de tensión.

d/ Antes de restablecer servicio en un circuito, comprobar que están cerrados los seccionadores de puesta a tierra.

9. La parte de instalación comprendida entre la red de distribución pública y la caja general de protección, se denomina:

a/ Línea general de alimentación.

b/ Línea de enlace.

c/ Derivación individual.

d/ Ninguna de las anteriores.

10. El dispositivo que marca el límite de la propiedad entre la compañía suministradora y las instalaciones de los abonados, se denomina:

a/ Cuadro de mando y protección.

b/ Caja general de protección.

c/ Cuadro de maniobra.

d/ Ninguna de las anteriores.

11. La conducción eléctrica que enlaza la caja general de protección con la centralización de contadores, se denomina:

a/ Acometida.

b/ Línea general de alimentación.

c/ Derivación individual.

d/ Ninguna de las anteriores.

12. La caída de tensión desde la caja general de protección a una centralización de contadores totalmente concentrados, será de:

a/ 1%.

b/ 1,5%.

c/ 2%.

d/ Ninguna de las anteriores.

13. La mínima sección de una derivación individual será de:

a/ 4 mm^2.

b/ 6 mm^2.

c/ Depende de la potencia instalada.

d/ Ninguna de las anteriores.

14. La sección del conductor de protección de una derivación individual cuya fase es de 50 mm^2, será como mínimo de:

a/ 16 mm^2.

b/ 25 mm^2.

c/ 35 mm^2.

d/ 50 mm^2.

15. Cuál de los siguientes elementos no forma parte del cuadro general de mando y protección de una vivienda:

a/ Interruptor general automático.

b/ Interruptor diferencial.

c/ Pequeño interruptor automático.

d/ Ninguna de las anteriores.

16. Indica qué color no se utilizará nunca en un cable de fase:

  a/ Negro.

  b/ Marrón.

  c/ Gris.

  d/ Ninguna de las anteriores.

17. Los niveles de electrificación de una vivienda pueden ser:

  a/ Bajo, medio y elevado.

  b/ Básico y elevado.

  c/ Básico y especial.

  d/ Básico, medio y especial.

18. qué potencia media correspondería a 5 viviendas de electrificación básica y 5 de electrificación elevada:

  a/ 6680 W.

  b/ 8350 W.

  c/ 7475 W.

  d/ 7585 W.

19. Qué intensidad debería tener el interruptor de control de potencia de una instalación cuya potencia a controlar es de 10350 W en suministro monofásico:

  a/ 35 A.

b/ 40 A.

c/ 45 A.

d/ 50 A.

20. Qué tarifas podrían contratarse para un suministro cuya potencia contratada es de 17,32 kW:

a/ 2.0 y 3.0.

b/ 2.0, 3.0 y 4.0.

c/ 3.0 y 4.0.

d/ Ninguna respuesta es válida.

Cuestiones

1. Describe los cuatro tipos de apoyo más usuales atendiendo a su función en la línea, indicando cuál es dicha función. Señala además el tipo de poste y características de las siguientes designaciones: HV 400 11, P 1250 18 y C 4500 20.

2. Explica con claridad lo que significa el grupo de conexión Dy11 o Dz0 de un transformador.

3. Define lo que es la instalación de enlace, indicando cada una de sus partes siguiendo el sentido de la corriente e indicando lo que es cada una de ellas, así como los elementos que las componen.

Prácticos

1.- Un edificio de tres plantas destinado a viviendas y locales comerciales tiene las siguientes características:

-En la planta baja dispone de dos locales comerciales de 14000 W cada uno y la longitud de la derivación individual es de 25 m con suministro trifásico 3x230/400 V.

-En la primera planta tres viviendas de electrificación básica de 5750 W cada una y longitud de la derivación de 30 m.

-En la segunda planta dos viviendas de electrificación básica de 5750 W cada una y una tercera de electrificación elevada de 9200 W. La longitud de la derivación en los tres casos es de 40 m.

-Para los servicios generales se tiene prevista una potencia de 4 kW y una longitud de 10 m con suministro monofásico.

Con las condiciones anteriores, calcular para cada una de las derivaciones individuales: sección, diámetro del tubo, intensidad de las bases y calibre del fusible a colocar en el cuadro de contadores concentrados en la planta baja.

NOTA: Los cables serán tipo H07V unipolares y para el calibre del fusible tipo D0 se considerará 1,6x I del interruptor automático que proteja el cable. Se considerará en todos los casos como factor de potencia la unidad.

2. Un edificio tiene 20 viviendas con electrificación básica y la acometida se realiza desde la red de distribución pública subterránea directamente desde el centro de transformación.

El edificio dispone de:

-Una escalera y un portal de 250 m^2 con alumbrado fluorescente (8 W/ m^2).

-Un ascensor de 400 kg de alta velocidad (7,5 kW)

-Un garaje de 150 m^2 con ventilación forzada (20 w/ m^2).

-Un sistema de calefacción central del edificio que necesita una alimentación eléctrica para bombeo de 12 kW

-Cuatro locales comerciales, tres de 60 m^2 y uno de 25 m^2 (100 W/ m^2, min.3450 W)

Calcular:

a/ Previsión de cargas del edificio.

b/ Acometida considerando un factor de potencia de 0,9.

Antenas

1) Las antenas receptoras de televisión son.

   a) Direccionales.

   b) Bidireccionales.

   c) Omnidireccionales.

   d) Isotropicas.

2) Las dimensiones de un dipolo depende.

   a) El material con el que están construido.

   b) De la velocidad de la luz.

   c) De la frecuencia de captación.

   d) De la potencia de la emisora transmisora

3) Cual será el alcance máximo de una antena emisora de TV. Si esta tiene una altura de 300m y la receptora de 75m.

4) Teniendo en cuenta la hoja de características de la antena UHF gama Pro, Tipo Ref: 1046 (Anexo-1). Indicar la ganancia que tendría para el canal C-38 que tiene una frecuencia de portadora de video de 607,25 MHz.

5) Expresa en dBm (decibelios milivatio) 5 mW.

6) Expresa en dBµV. (decibelios microvoltios) 2 mV.

7) Cual es la velocidad de propagación de las ondas electromagnéticas que se utilizan para la transmisión de TV. Terrena.

  a) 300.000 m/s.

  b) 300.000 km/h.

  c) 300.000 km/s.

  d) 300.000 kz/s.

8) Calcular la longitud del dipolo para poder captar el canal 42 (frecuencia de 539,25MHz). Dibujar la antena, con sus medidas.

9) Realizar la gráfica de ancho de banda para el canal 44 (frecuencia portadora de video 655,25MHz).

10) Calcular la señal de salida en el siguiente circuito teniendo en cuenta que la atenuación para el cable es de 1,5 dB/m. Las pérdidas de paso en el elemento pasivo Z, es de 4dB. La ganancia del amplificador es de 36dB. Y que el nivel de tensión en la entrada es de 10 µv.

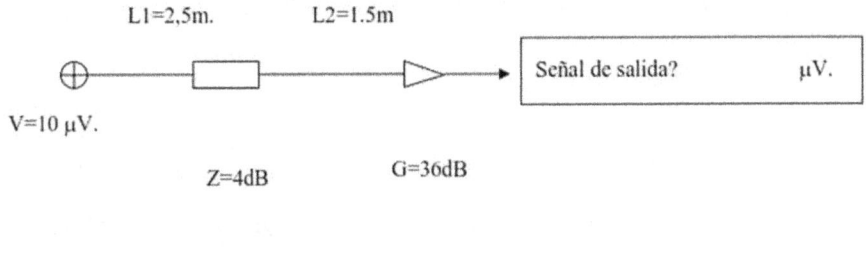

30) Problemas de instalaciones eléctricas de baja tensión

1. Un edificio destinado a viviendas y locales comerciales tiene una previsión de cargas de P=145 kW. Se proyecta instalar una única centralización de contadores, y se trata de calcular la sección de la LGA que va desde la Caja General de Protección ubicada en la fachada del edificio hasta la Centralización de Contadores ubicada en la planta baja de dicho edificio. El edificio tiene unas zonas comunes con jardines y piscina, resultando una longitud de la LGA de 40 metros. La LGA discurre en el interior de un tubo enterrado ya que es necesario pasar por el jardín de las zonas comunes del edificio.

    a) Elección del tipo de cables a utilizar:

    b) Cálculo de la sección:

2. Se debe calcular la sección de una derivación individual que alimenta a una vivienda con nivel de electrificación básico (5750W), cuya longitud desde el embarrado del cuarto de contadores hasta el cuadro privado de los dispositivos generales de mando y protección es de 10 metros (segunda planta).El sistema de instalación es el de conductores aislados

en el interior de conductos cerrados de obra de fábrica.

3. Un edificio de 5 plantas, 2 viviendas de 90 m^2 por planta, tiene un motor de ascensor de 5.5CV, 400/230V, 8.5/14.8 A. 50 Hz, Cosφ=0.82. Para servicios generales utiliza 20 lámparas fluorescentes 18 W, 230 V. Tiene 3 locales comerciales de 30 m^2, una oficina de 50 m^2, un garaje con ventilación forzada y superficie 180 m2. Dibujar el esquema unifilar del cuadro de mando y protección de una vivienda y calcular:

  a) Previsión de cargas del edificio

  b) Línea general de alimentación, trifásica con neutro, para contadores totalmente concentrados. Longitud 20 m.

  c) Derivación individual monofásica a una vivienda. Longitud 20 m.

  d) La derivación al motor del ascensor si la longitud es 30 m.

4. La línea general está formada por conductores unipolares de cobre, aislados con polietileno reticulado (RZ1 0.6/1 kV), en instalación bajo tubo empotrado en obra. Para derivaciones individuales se

utilizan conductores unipolares de cobre, aislados con termoplástico para 750 V, (ES07Z1) en instalación bajo tubo empotrado en obra. La tensión de servicio es trifásica con neutro 400/230 V y las caídas de tensión serán las máximas permitidas por el REBT.

---

31) Problemas de teoría de circuitos

1. Use el método de voltajes de nodo para calcular cuánta potencia extrae la fuente 2 A del circuito de la figura.R1=2 ohm, R2=3ohm, R3=4 ohm, Vc=55V, I1=2A.

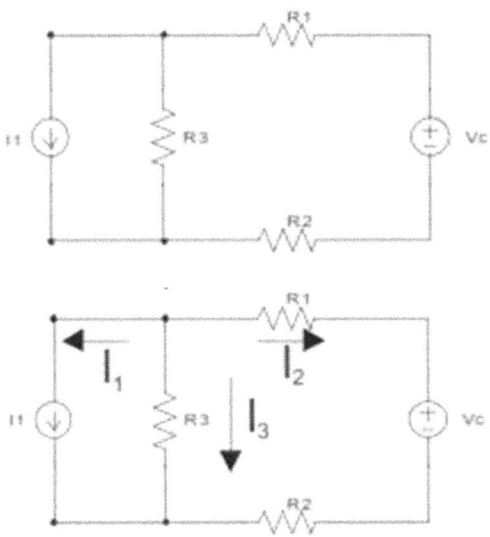

2. Use el método de voltajes de nodo para calcular el voltaje en R1 y la potencia entregada por la fuente de voltaje de 60 V en el circuito.

I1=4A, Vc=60V, R1=20Ω, R2=80Ω, R3=10Ω, R4=30 Ω.

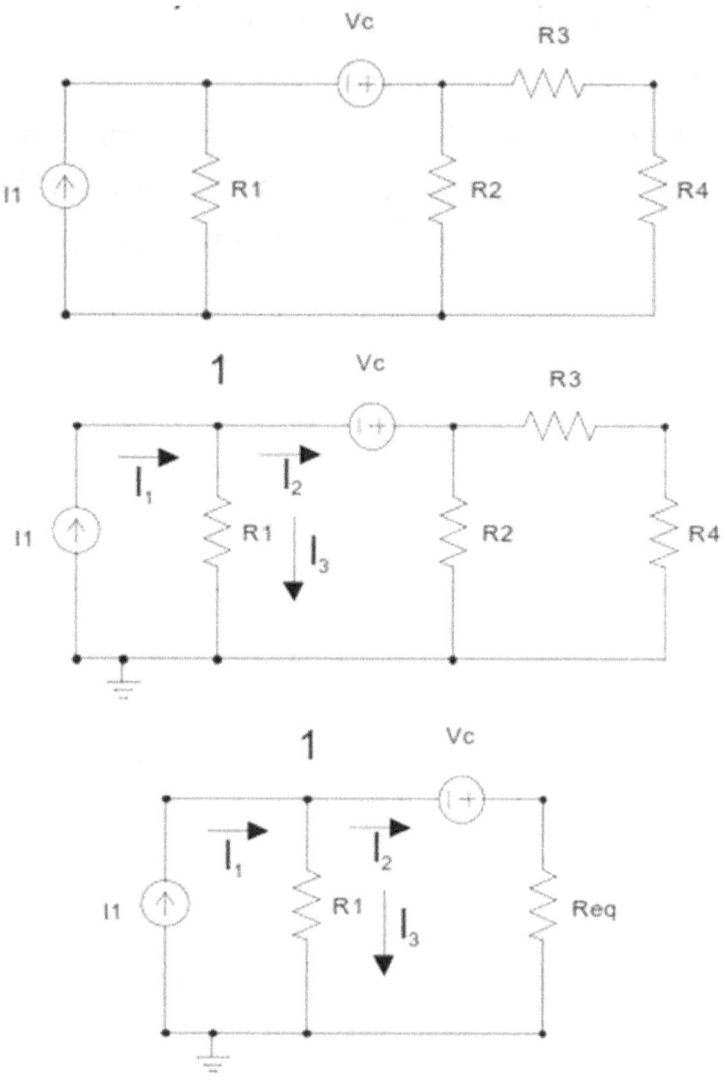

3. Dado el siguiente circuito calcular:

 a) La corriente de todas las ramas.

 b) La potencia aparente, activa y reactiva de las

 fuentes de corriente y voltaje.

c) La potencia aparente, activa y reactiva en Xc, XL, R1 y R2.

d) Equivalente Thévenin en los extremos de la resistencia R2.

c) Determinar la resistencia necesaria que debería colocarse en R2 para tener la potencia máxima que se podría transferir.

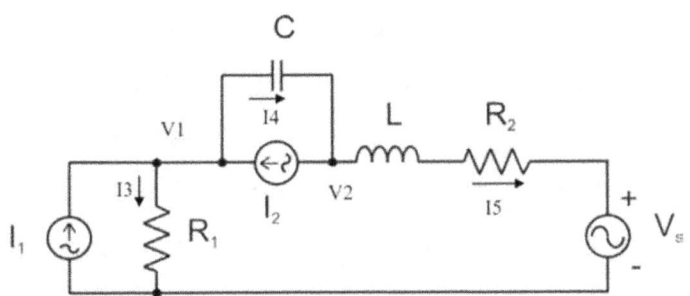

Datos del problema:

f=159.1549 Hz;

C=250 10^{-6} F

L=10 10^{-3} H

Xc=-l/(2*pi*f*C) Ω

XL=l*2*pi*f*L Ω

R1=73 Ω;

R2=10 Ω;

θ1=-45°;

θ2=0°;

θ$_S$=17°.

Los fasores de las fuentes de corriente y voltaje:

I1=0.040*(Cos(θ1*pi/180)+i*Sen(θ1*pi/180));

I2=0.060*(Cos(θ2*pi/180)+i*Sen(θ2*pi/180));

Vs=15*(Cos(θ$_S$*pi/180)+i*Sen(θ$_S$*pi/180)).

4) En una instalación industrial se mide un factor de potencia de 0,7. Se pide calcular la batería de condensadores necesaria para mejorar el factor de potencia hasta 0,9 conociendo los siguientes datos de dicha instalación: potencia instalada 15 kW; frecuencia 50 Hz; tensión entre fases 380 V. Calcular asimismo la corriente por la línea antes y después de mejorar el factor de potencia.

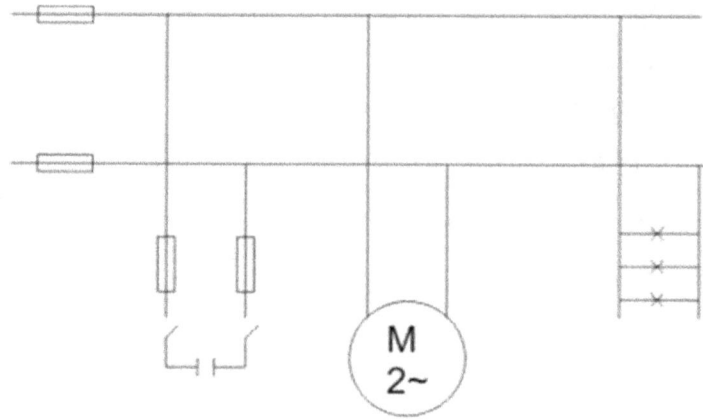

5) Resolver un mismo circuito, por mallas, de 2 maneras diferentes, y por nudos.

- Antes de empezar simplificamos el circuito todo lo posible.

- Recordar que en régimen estacionario en continua la tensión en las inductancias es 0 (se comportan como un cortocircuito) y la corriente en los condensadores es nula (se comportan como un circuito abierto).

- En el circuito del problema, donde hay una bobina la sustituimos por un cable sin resistencia (VL=0) y eliminamos del circuito el cable donde están los dos condensadores (IC=0).

Planteamiento 1 (Mallas):

- Elegimos las tres mallas dibujadas.

- El punto de referencia V=0 nos viene dado por el enunciado del problema (si no fuera así elegiríamos el que quisiéramos, para el método de mallas no es necesario definir dicho punto).

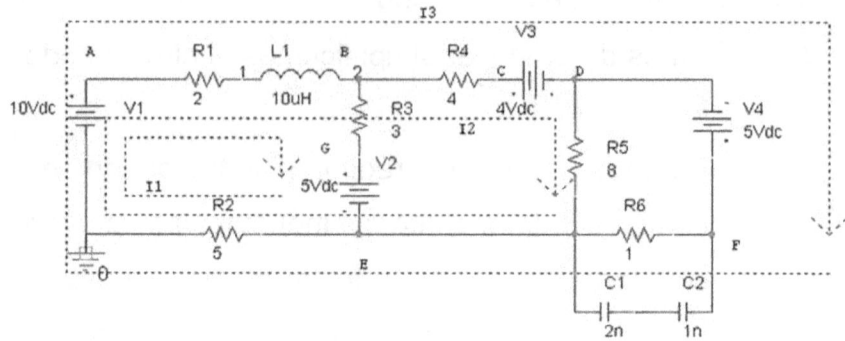

Planteando el circuito así se tiene:

Malla 1: $0 = R_2 (I_1+I_2+I_3) - V_1 + R_1 (I_1+I_2+I_3) + R_3 I_1 + V_2 = 10I_1 + 7I_2 + 7I_3 - 5$

Malla 2: $0 = R_2 (I_1+I_2+I_3) - V_1 + R_1 (I_1+I_2+I_3) + R_4 (I_2+I_3) + V_3 + R_5 I_2 = 6 + 7I_1 + 19I_2 + 11I_3$

Malla 3: $0 = R_6 I_3 + R_2 (I_1+I_2+I_3) - V_1 + R_1 (I_1+I_2+I_3) + R_4 (I_2+I_3) + V_3 - V_4 = -11 + 7I_1 + 11I_2 + 12I_3 = 0$

Planteamiento 2 (Mallas): Elegimos tres mallas diferentes.

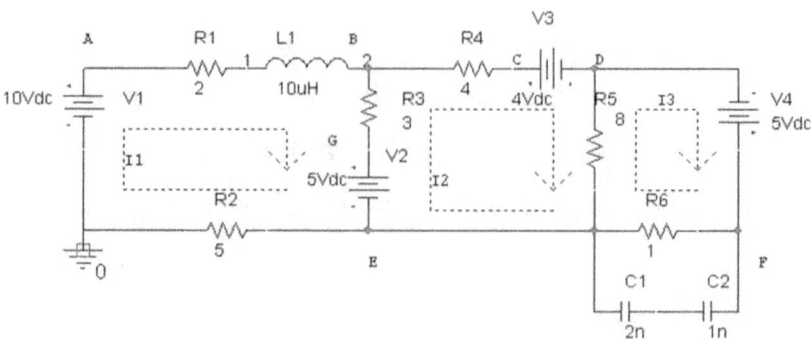

Malla 1: $5 - 10I_1 + 3I_2 + 0I_3 = 0$

Malla 2: $1 + 3I_1 - 15I_2 + 8I_3 = 0$

Malla 3: $5 + 0I_1 + 8I_2 - 9I_3 = 0$

Planteamiento 3. Nudos.

En el problema se nos marca como masa (punto de potencial 0) un punto del circuito que no es un nudo. Para resolver por el método de nudos, se ha de escoger un nudo de referencia. Sea éste, por ejemplo, el nudo E. De momento, asignaremos provisionalmente a este nudo el potencial 0. Cuando acabemos de resolver ajustaremos los potenciales teniendo en cuenta el punto que realmente se nos dice que ha de ser el 0.

En el circuito existen, aparte del punto E, otros 2 nudos, el B y el D. Escribamos las ecuaciones de nudos para ellos. Para ello, se plantea que la suma de corrientes saliente de cada nudo ha de ser 0.

Nudo B: $(V_B-10)/7 + (V_B-5)/3 + (V_B-(V_D+4)) / 4 = 0$

Nudo D: $((V_D+4)-V_B) / 4 + V_D/8 + (V_D+5) / 1 = 0$

32) Examen oficial de problemas de electrotecnia

1. Dado el circuito de la figura determinar los valores y los sentidos correctos de las intensidades de todas las ramas, conociendo los siguientes datos:

- G1 = G3=10 V

- G2= G4 =20V

- Resistencias internas de todos los generadores =1Ω

- R1=9Ω

- R2= 18Ω

- R3=19Ω

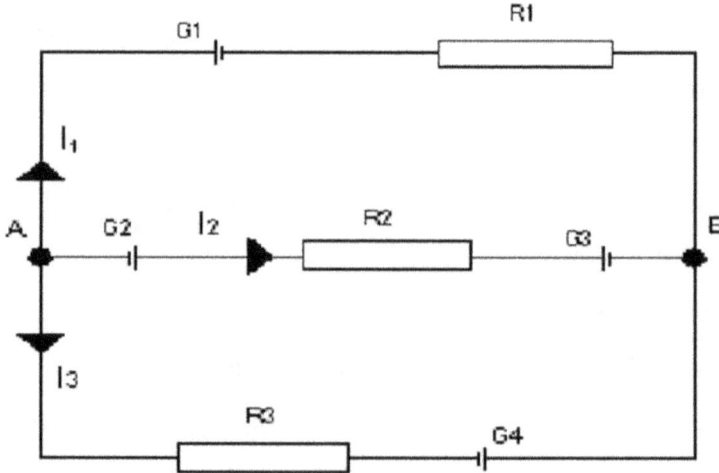

2. El interior de un solenoide toroidal con núcleo de hierro (μ=2500), tiene una sección transversal de 5 cm², en ella se produce una excitación magnética de 100 A. vuelta/m. La bobina tiene 500 espiras de hilo

de cobre, siendo la resistencia total del conductor de 150

Ω, a la que se aplica una tensión continua de 15 V. Se pide, calcular:

a/ El flujo magnético total en el núcleo de la bobina. Opere con unidades del sistema internacional.

3. En un circuito RLC en serie, los elementos pasivos poseen las siguientes características:

R =15 Ω,

L = 50 mH,

C =100 µF.

Si se aplica una tensión senoidal de 230 V y 50 Hz,

a/ Comprobar que se cumple que la suma vectorial de las caídas de tensión de todos los elementos pasivos del circuito es igual a la tensión aplicada

4. El alumbrado de una sala de dibujo se compone de 60 lámparas fluorescentes de 40 W / 230 V con un factor de potencia de 0,6. Las lámparas se han conectado de forma equilibrada a una red trifásica de 400 V /50 Hz con neutro Si la intensidad por la línea cuando se conecta una batería de condensadores en

estrella es de 3,6 A. ¿Cuáles son las características de dicha batería?

5. Un transformador de 1800 KVA, relación de transformación 30/0,4 KV, tensión de cortocircuito Ucc = 1900V, potencia de cortocircuito P =19Kw. Conexión triángulo-estrella.

Hallar la caída de tensión a plena carga, con un Cosφ=0,83 y el factor de potencia en cortocircuito.

Instalaciones eléctricas de interior

1. El reglamento electrotécnico para baja tensión data de:

    a.- Año 1975

    b.- Año 2003

    c.- Año 2002

    d.- Año 1999

2. Uno de los medios técnicos mínimos de un instalador autorizado en baja tensión es:

    a.- Caja de herramientas de electricista completa.

    b.- Todos los aparatos de medidas eléctricas del mercado.

    c.- Los que tiene cualquier electricista.

d.- Local de 25 m

3. Informar a la administración competente sobre los accidentes ocurridos en las instalaciones.

    a.- Es obligación del instalador autorizado.

    b.- Es obligación del guarda de la obra.

    c.- Es obligación de la guardia civil.

    d.- Es obligación del juez de guardia.

4. Las cercas eléctricas necesitan:

    a.- Boletín de instalación eléctrica.

    b.- Proyecto técnico.

    c.- Memoria técnica.

    d.- No necesita nada solo realizar la instalación.

5. Todas las instalaciones eléctricas en baja tensión que precisaron inspección inicial, precisan inspecciones periódicas.

    a.- Cada 5 años en la comunidad de Madrid.

    b.- No precisan inspecciones periódicas.

    c.- Cada 5 años.

    d.- Cada 5 años pero solo locales de pública concurrencia.

6. Falta de conexiones equipotenciales supone.

    a.- Un defecto muy grave.

    b.- Un defecto grave.

    c.- Un defecto leve.

    d.- Un defecto inexistente.

7. Cuando se representan todos los conductores y elementos cada uno con su símbolo, hablamos de:

    a.- Esquema real.

    b.- Esquema topográfico.

    c.- Esquema unifilar.

    d.- Esquema multifilar.

8. La resistividad de la plata es en Ω.mm /m.

    a.- 0.016

    b.- 0.015

    c.- 0.017

    d.- 0.028

9. Cual es la parte encargada de aislar el cable contra efectos electromagnéticos.

    a.- Cubierta exterior

    b.- Conductor

    c.- Pantalla

    d.- Cubierta metálica

10. La MBTS muy baja tensión de seguridad, el valor es:

    a.- 74 V cc 50 V ca.

    b.- 75 V cc 50 V ca.

    c.- 75 V cc 49 V ca.

    d.- 76 V cc 51 V ca.

11. Tenemos una instalación protegida por un diferencial, nos corta el suministro cuando:

    a.- Solo no protege necesita también un magnetotérmico

    b.- Consumo superior a intensidad nominal.

    c.- Cortocircuito superior a 30 mA.

    d.- Corriente de defecto a tierra de 1 A.

12. Dentro de las características técnicas de un fusible tenemos el poder de corte que es:

    a.- Intensidad máxima que puede cortar el fusible.

    b.- Intensidad normal de funcionamiento.

    c.- Necesitamos saber además el tiempo de corte.

    d.- Diámetro del cilindro fusible.

13. Los descargadores de sobretensión según el REBT.

a.- Se utilizaran obligatoriamente en casas aisladas en el campo.

b.- Serán obligatorios a partir de 2010 en todas las instalaciones.

c.- Se utilizan solo en casos especiales no es obligatorio el uso.

d.- No los considera necesarios el diferencial nos hace esa función.

14. Para determinar la sección de los conductores de una línea en edificios.

a.- Se calculara por caída de tensión.

b.- Se utiliza la mayor entre la calculada y la marcada por intensidad en el reglamento.

c.- Según el REBT se elige una sección adecuada a la intensidad que circulara.

d.- Se sacara de las tablas dependiendo del tipo de canalización a utilizar.

15. El contador de una vivienda es un aparato eléctrico que nos mide:

a.- KvAr/h

b.- KvAr.h

c.- Kw/h

d.- Kw.h

16. La caja general de protección nos protege.

a.- La acometida.

b.- La línea general de alimentación.

c.- Toda la instalación a partir de ese punto.

d.- De contactos indirectos y cortocircuitos.

17. La caída de tensión máxima permitida para líneas generales de alimentación destinada a centralización de contadores.

a.- Centralizados parcialmente de 1%

b.- Centralizados totalmente 1%

c.- Centralizados total y parcial 1%

d.- Centralizados parcialmente 0.5%

18. Los contadores de energía eléctrica nos marcan el consumo eléctrico teniendo en cuenta la intensidad que circula y la tensión de suministro por tanto:

a.- A menor tensión menos intensidad mayor consumo.

b.- Tenemos más consumo, cuanto menos tiempo conectados.

c.- Solo pagamos por tiempo conectados.

d.- A mayor intensidad, a mayor tensión y más tiempo más consumo.

19. Para locales en edificios de viviendas de los cuales no sabemos su utilización, la previsión de carga será:

a.- Un máximo de 100 W por metro cuadrado

b.- Un mínimo de 100 W por metro cuadrado

c.- Al no saber su utilización no tenemos que dejar nada previsto.

d.- Se dejara previsto un mínimo por local de 9200 W.

20. Para la previsión de carga en los garajes de edificios se considera:

a.- Máximo de 3450 W

b.- Máximo de 4350 W

c.- Mínimo de 3450 W

d.- Mínimo de 4350 W

21. Un garaje ocupa toda la planta baja de un edificio, cuál será la previsión de carga en su caso.

a.- 20 W m.

b.- 15 W m.

c.- 30 W m.

d.- 10 W m.

22. Las empresas distribuidoras de energía eléctrica estarán obligadas a cubrir un suministro de potencia en monofásica de:

a.- Un máximo de 10090 W

b.- Un máximo de 23090 W

c.- Un máximo de 14490 W

d.- Un máximo de 15590 W

23. Cuando el conductor de protección sea común a varios circuitos, la sección de ese conductor debe dimensionarse en función de la mayor sección de:

a.- Los conductores de fase.

b.- Los conductores de neutro.

c.- Los conductores de tierra.

d.- Siempre mayor de 6 mm

24. La resistencia de la toma de tierra debe de ser tal que cualquier masa no pueda dar lugar a tensiones de contacto superiores a:

a.- 30 V en locales o emplazamientos conductores, 60 V en los demás casos.

b.- 24 V en locales o emplazamientos conductores, 50 V en los demás casos.

c.- 25 V en locales o emplazamientos conductores, 50 V en los demás casos.

d.- 12 V en locales o emplazamientos conductores, 24 V en los demás casos.

25. La clasificación de los volúmenes en los espacios que contienen bañera o ducha son:

   a.- 1, 3, 5, 7.

   b.- 1, 0, 1, 2.

   c.- 1, 2, 3, 4.

   d.- 0, 1, 2, 3.

26. Deben disponer de suministro de socorro los locales de espectáculos y actividades recreativas

   a.- Ocupación prevista de más de 300 personas.

   b.- Ocupación prevista de más de 200 personas.

   c.- Cualquiera que sea su ocupación.

   d.- Ocupación prevista de más de 500 personas.

27. El cuadro general de mando y protección se colocara a la entrada de cada vivienda o local comercial, situándolo a una altura de:

a.- Aproximadamente a 1.80 mm.

b.- Aproximadamente a 1.80 m.

c.- Aproximadamente a 1.80 cm.

d.- Aproximadamente a 180 m.

28. Cuando efectuamos medidas, en nuestro caso eléctrico, siempre cometemos errores, el error absoluto es:

a.- La diferencia de lectura entre muestro patrón, y el aparato de medida considerado patrón.

b.- La diferencia de lectura entre muestro aparato, y el aparato de medida considerado patrón.

c.- La diferencia de lectura entre muestro aparato, y el aparato de medida que midió anteriormente.

d.- La diferencia de lectura entre muestro aparato, y el marcado por el REBT.

29. Cuando efectuamos medidas, en nuestro caso eléctrico, siempre cometemos errores, el error relativo es:

a.- La diferencia de lectura entre muestro aparato, y el aparato de medida considerado patrón.

b.- La diferencia de lectura entre muestro aparato, y el marcado por el REBT.

c.- La diferencia de lectura entre el aparato patrón y el verificado expresado en tanto por ciento.

d.- La diferencia de lectura entre muestro aparato, y el aparato de medida que midió anteriormente.

30. Cuando en un aparato de medida encontramos este símbolo significa:

a.- Posición de trabajo horizontal.

b.- Doble aislamiento.

c.- Corriente alterna de onda cuadrada.

d.- Instrumento de hierro móvil.

Prácticos

Averías

1. En una instalación de un cliente sucede lo siguiente:

· La instalación tiene seis meses de uso, y fue realizada por nuestra empresa.

· Es una vivienda unifamiliar de grado de electrificación elevado.

· Está habitada desde la entrega de la instalación.

· Síntoma de la avería salta el diferencial.

Ejercicio:

En la tabla de la hoja de respuestas analice todas las averías y soluciones posibles siguiendo un orden, para resolver todas las posibilidades que crea que pueden suceder.

(En el caso 2º y sucesivo el diferencial sigue saltando).

El orden debe de ser de menor a mayor coste económico, en todas las posibilidades propuestas se indicara la solución como en el ejemplo.

ORDEN	ACTUACIÓN	COMPROBACION	DIAGNOSTICO
1º	En casa del cliente, subimos el diferencial.	Todo funciona correctamente, hemos conectado todos los receptores, y el diferencial no salta.	Fallo la instalación de forma casual haciendo saltar el diferencial. Dejamos la instalación como esta, decimos a nuestro cliente que este pendiente y nos llame si vuelve a suceder de nuevo.
2º			
3º			
4º			
5º			

6º			
7º			
8º			

Medidas eléctricas

2. Realice el esquema multifilar de un cuadro general de mando y protección de una vivienda unifamiliar de grado de electrificación básico.

En este cuadro conecta correctamente los aparatos de medida necesarios para poder medir las siguientes magnitudes.

Intensidades, Tensiones, Resistencias, Potencias, Cos α, Aislamiento.

La vivienda está en funcionamiento, para poder medir estas magnitudes especifica las actuaciones que tenemos que llevar a cabo durante el proceso.

Cableado de cuadro

3. En un cuadro general de mando y protección tenemos que realizar la instalación eléctrica, montar los automáticos, cablearlos, y dar la salida a sus circuitos con las secciones adecuadas de hilo y con el diámetro de canalización mínimo permitido.

Automáticos empleados:

Tres diferenciales de 40 A 30 mA.

Un P.I.A. 40 A

Dos P.I.A. 25 A

Siete P.I.A. 16 A

Dos P.I.A. 10 A

Dos P.I.A. 20

Un P.I.A. ¿ ? A Compañía suministradora.

Realicen el siguiente proceso:

1º.- Dibujen la Caja General de Protección adecuada para que nos entren todos los automáticos.

2º.- Colocar los automáticos en su posición correcta.

3º.- Colocar en las salidas de cada uno de los circuitos los diámetros de los tubos mínimos permitidos.

4º.- Cablear en esquema topográfico, el cuadro desde la entrada de corriente a la salida de cada uno de los circuitos y sus interconexiones, indicando la sección de los cables empleados y el color.

Circuitos eléctricos. El Telerruptor

4. Sobre el plano de planta de la habitación representada en la hoja de respuestas, se quiere realizar la instalación mediante un telerruptor, mandado desde cuatro puntos diferentes, teniendo en cuenta lo siguiente:

-Tenemos cinco puntos de luz, uno sobre cada mesita de noche, uno en el techo, dos en la pared entre las dos puertas.

-Nuestra instalación tiene una única caja de registro para las conexiones, el circuito de alumbrado llega a la caja correctamente protegido.

-La entrada del circuito está en la parte superior derecha del plano.

Realicen el siguiente proceso:

a.-) Distribuir correctamente en el plano de planta todos los elementos y sus canalizaciones.

b.-) Realizar el esquema sobre el plano propuesto indicando el cableado dentro de las canalizaciones (esquema multifilar sobre el esquema topográfico), señalando secciones de hilo, diámetros de tubo y características de los elementos empleados.

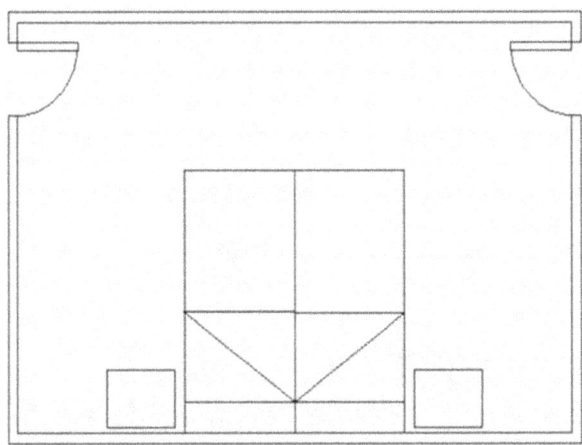

Puesta a tierra

5. Las puestas a tierra se establecen con objeto, principalmente, de limitar la tensión que con respecto a tierra puedan presentar en un momento dado las masas metálicas; asegurar la actuación de las protecciones y eliminar o disminuir el riesgo que supone una avería en el material utilizado.

a.-) Representar de forma esquemática los elementos que constituyen un circuito de puesta a tierra, indicando cada uno de los componentes que aparecen en el esquema.

b.-) Una vez finalizada la puesta a tierra de un edificio, se deben conectar a tierra todos los elementos metálicos para conseguir una red equipotencial.

-Representar de forma esquemática los elementos a conectar a tierra, obligatoriamente, en un edificio de viviendas.

Grados de electrificación

6. Tenemos una vivienda de grado de electrificación elevado.

Determinar:

a.- Esquema unifilar del cuadro general de mando y protección.

b.- Sobre el plano de planta de la vivienda grado de electrificación elevado de la hoja de respuestas

-Distribución de elementos mínimos que nos determinas las normativas vigentes. (Tomas de corriente, puntos de luz y cajas de derivación o registro).

-Al lado de cada elemento, características y leyenda del circuito a que pertenece, que corresponda con el que está marcado en el esquema unifilar del cuadro.

Escala 1: 100

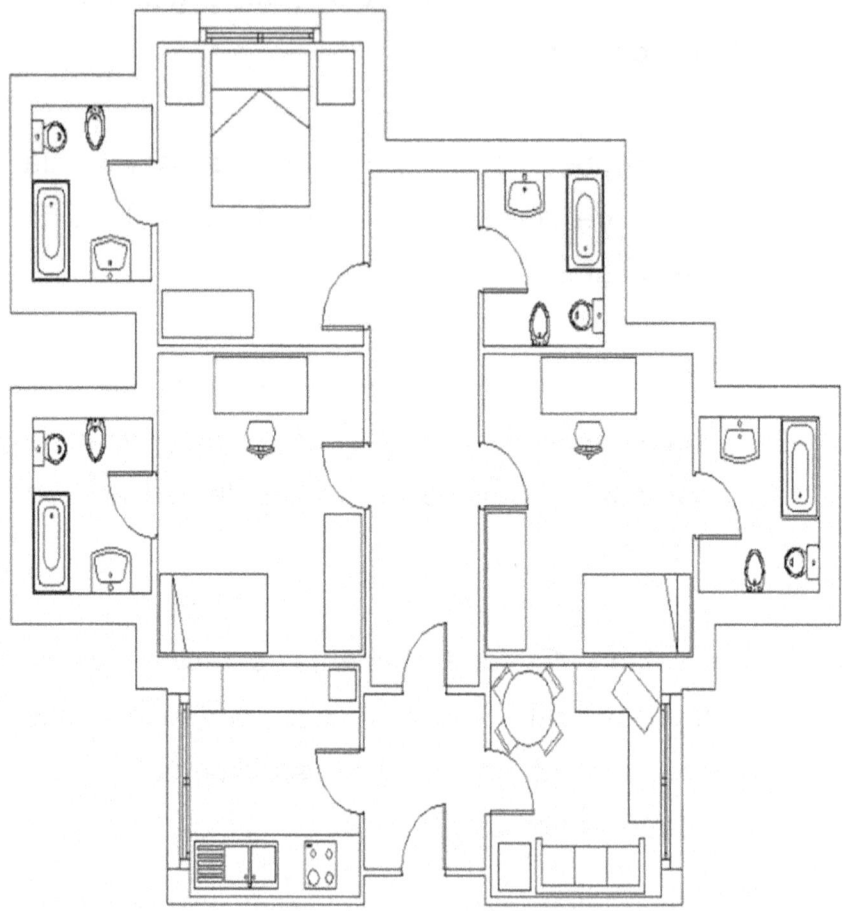

Aparatos de medida. El óhmetro

7. Explica brevemente mediante esquemas y texto:

a.-) Como funciona internamente.

b.-) Como se mide con él.

33) Problemas de electricidad

1. Calcula la intensidad que atraviesa un cable sabiendo que le atraviesan 50 C en 2 minutos.

Estos problemas normalmente no tienen esquemas eléctricos, sólo hay que aplicar la fórmula.

2. Calcula la carga que atraviesa un calefactor sabiendo que le atraviesan 6 A en 2 horas.

3. Calcula el tiempo que está funcionando un timbre de 2 A por el que pasan 12 C.

4. Calcula la magnitud incógnita de los siguientes circuitos: Ahora es la fórmula de la ley de Ohm, tenemos circuitos eléctricos y nos interesan las magnitudes eléctricas V, R e I.

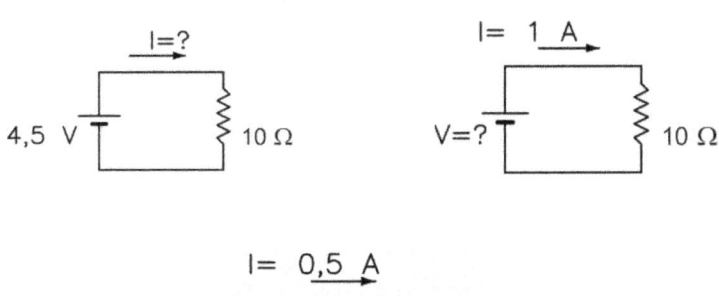

5. Calcula la resistencia equivalente del circuito, y después la magnitud incógnita:

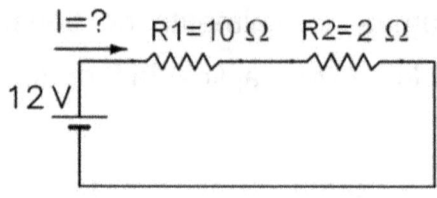

6. Calcula la resistencia equivalente del circuito, y después la magnitud incógnita:

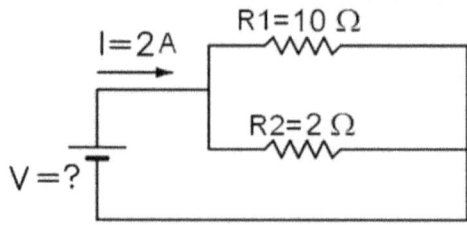

Calculamos la resistencia equivalente:

Tenemos que hacerlo en dos pasos, primero las resistencias en paralelo R1 y R2, y después las resistencias en serie R12 y R3:

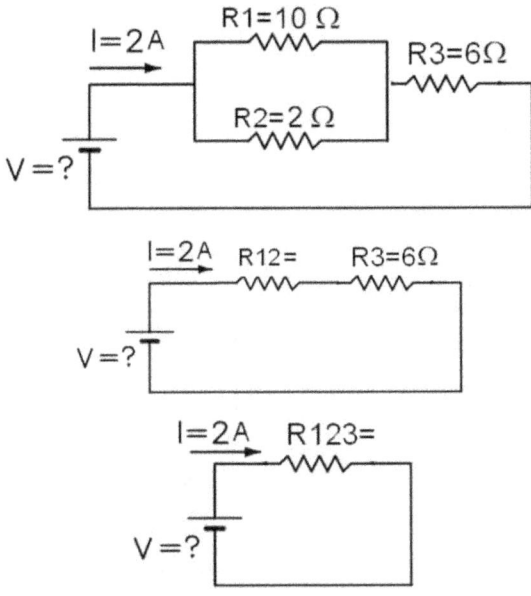

7. Calcula la resistencia equivalente del circuito, y después la magnitud incógnita:

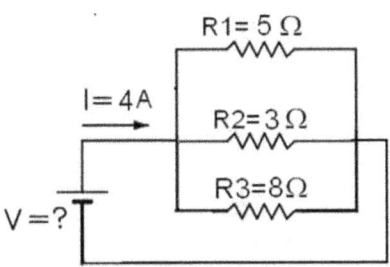

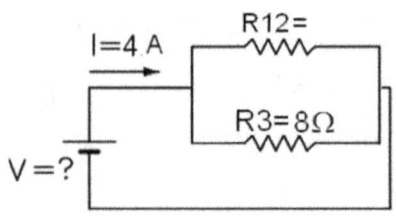

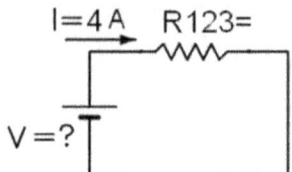

8. Calcula la resistencia equivalente del circuito, y después la magnitud incógnita:

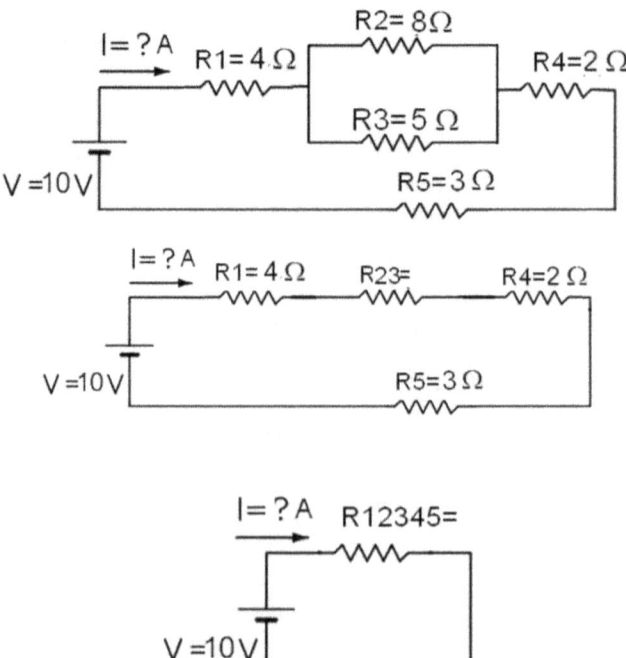

9. Calcula la resistencia equivalente del circuito, y después la magnitud incógnita:

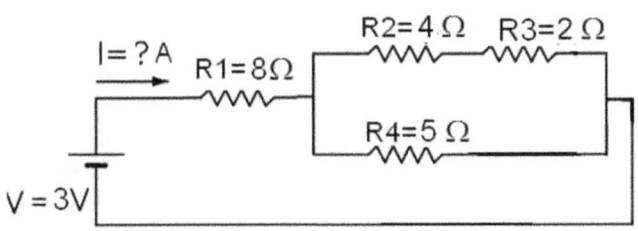

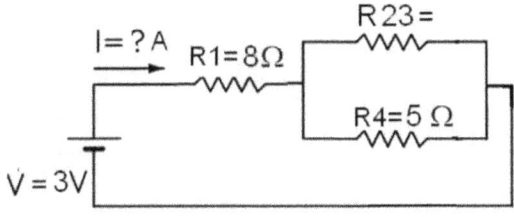

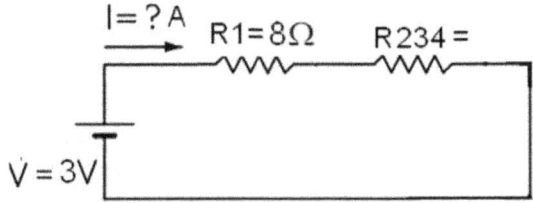

10. Calcula la resistencia equivalente del circuito, y después la magnitud incógnita:

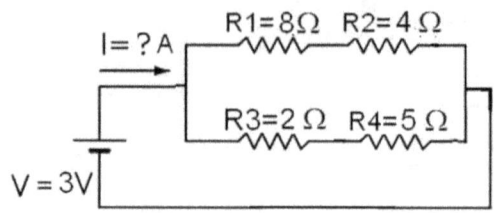

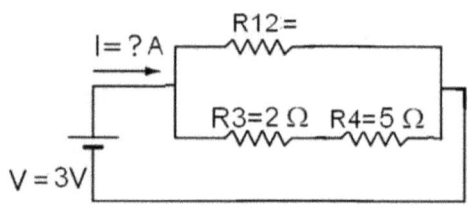

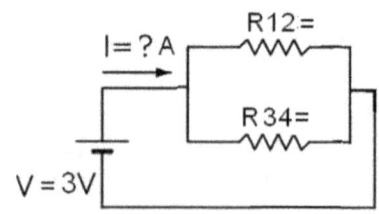

11. Calcula la resistencia equivalente del circuito, y después la magnitud incógnita:

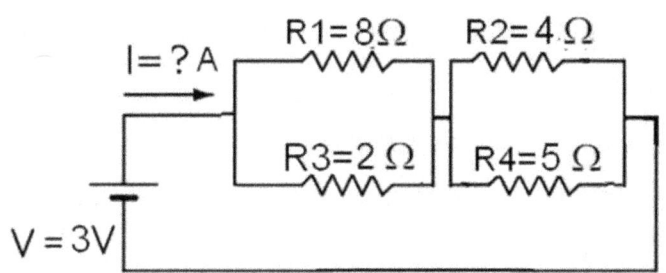

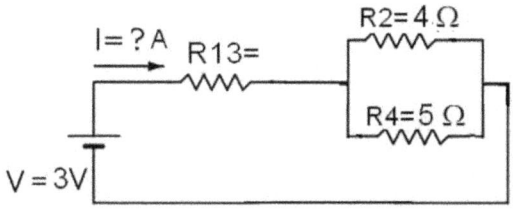

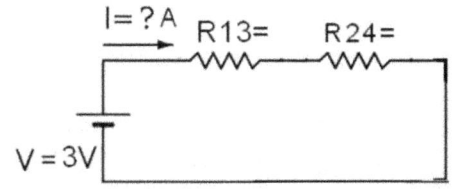

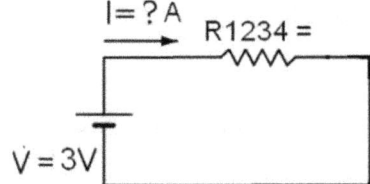

34) Examen oficial de automatismos y cuadros eléctricos

1. La sección transversal de una lima es a lo que se denomina:

     a/ Tamaño de la lima.

     b/ Picado de la lima.

     c/ Forma de la lima.

2. Una pulgada es una unidad de medida que equivale a:

     a/ 25,4 mm.

     b/ 2,54 mm.

     c/ 24,5 mm.

3. Cuántos machos son necesarios para realizar el roscado de una pieza:

     a/ 1, no se necesitan más.

     b/ 3, desbaste, intermedio y acabado.

     c/ 2, desbaste y acabado.

4. Qué elementos se utilizan para fijar los elementos al cuadro:

     a/ Tornillos.

     b/ Terminales.

c/ Perfiles.

5. El índice de protección, IP, sobre la envolventes de los materiales eléctricos según CEI 529 y EN 60529, hacen referencia a:

a/ Al grado de protección contra choques mecánicos.

b/ Al grado de protección contra sólidos y líquidos.

c/ Conjuntamente a los dos anteriores.

6. El marcado de las bornas de los contactos o polos principales en un contactor tripolar se realiza con:

a/ Los números del 1 al 6, pares arriba e impares abajo.

b/ Los números del 1 al 6, impares arriba y pares abajo.

c/ Los números del 1 al 6, seguidos de izquierda a derecha y de arriba abajo.

7. La categoría de un contactor para el arranque e inversión de marcha de motores de anillos es:

a/ AC-3

b/ AC-2

c/ AC-4

8. Los circuitos magnéticos de los contactores de c.c y c.a, se construyen:

   a/ Siempre diferentes.

   b/ Iguales en ambos casos.

   c/ En los pequeños da lo mismo y en los grandes siempre diferentes.

9. En un relé temporizado a la conexión o al trabajo, sus contactos conmutan:

   a/ Un tiempo después de conectarse su elemento de mando.

   b/ Un tiempo después de desconectarse su elemento de mando.

   c/ Depende de cómo lo programemos.

10. El principio de funcionamiento de un relé térmico está basado en:

   a/ Un circuito magnético.

   b/ Una lámina bimetálica.

   c/ Una combinación de los dos anteriores.

11. Se le llama guarda-motor a la combinación de:

   a/ Un contactor y un elemento de aviso o señalización.

   b/ Un contactor y un elemento de protección.

c/ Un contactor y un elemento de medida.

12. En el arranque directo de un motor III con rotor en cortocircuito con tensiones 230/400V, puede conectarse:

a/ Con red III a 230V----- en estrella.

b/ Con red III a 400V----- en triángulo.

c/ Con red III a 400V----- en estrella.

13. A cuál de los siguientes motores podremos hacerle un arranque en estrella-triángulo si tenemos una red III a 400V:

a/ Motor 230/400V.

b/ Motor 400/690V.

c/ A cualquiera de los dos porque tienen esa tensión en sus características.

14. El motor de rotor bobinado:

a/ Se usa en máquinas que arrancan a plena carga.

b/ Se usa sólo en máquinas que arrancan en vacío.

c/ Se usa indistintamente en los dos casos.

15. Con un motor de dos velocidades en conexión Dahlander, podemos obtener:

   a/ Dos velocidades con cualquier relación entre ellas.

   b/ Como mínimo tres velocidades.

   c/ Dos velocidades, una doble que la otra.

16. La regulación de velocidad en un motor de c.c se consigue modificando:

   a/ Únicamente y exclusivamente la tensión del inducido.

   b/ Únicamente y exclusivamente la corriente de excitación.

   c/ Indistintamente con la tensión del inducido o con la corriente de excitación.

17. El número binario 110101, se corresponde con el número decimal:

   a/ 55

   b/ 47

   c/ 53

18. Según la ecuación lógica S = A + B, la salida tomará valor 0 siempre que:

   a/ Una entrada tome valor 1.

b/ Una entrada tome valor 0.

c/ Las dos entradas tomen valor 0.

19. En un automatismo programado con respecto a uno cableado, se elimina:

    a/ La mayoría del cableado del circuito de mando.

    b/ La mayoría del cableado del circuito de potencia.

    c/ No afecta a ninguno de los dos.

20. Para controlar la medida de una magnitud de temperatura por medio de un autómata, conectaremos el sensor correspondiente a:

    a/ Una entrada digital.

    b/ Una entrada instantánea.

    c/ Una entrada analógica.

Cuestiones

1. Describe brevemente el funcionamiento de un detector fotoeléctrico de barrera.

2. Explica en qué consisten la conexión en estrella y la conexión en triángulo de un motor trifásico, como se consigue y cuando se realiza cada una de ellas.

3. Representar gráficamente por medio de puertas lógicas, (en cualquiera de las normas), y contactos eléctricos la siguiente función lógica:

$$S = a + b . (c + d)$$

4. Describe la estructura de un autómata programable enumerando sus partes más importantes.

Diseño de un automatismo

Realizar el esquema de mando y de potencia, mediante contactores, para el arranque de un motor trifásico de rotor en cortocircuito en estrella-triángulo con la posibilidad de hacerlo en cualquier sentido de giro.

Se dispondrá de dos puestos de mando con una botonera (Marcha Izqda – Paro – Marcha Dcha) por puesto.

El cambio de estrella a triángulo será automático después de 4 segundos. El circuito de mando y de potencia contará con las protecciones necesarias. Existirá una señalización luminosa para cada una de las maniobras, (estrella, triángulo, izquierda y derecha) y otra para el disparo del relé térmico.

Utilizar simbología normalizada (EN 61346).

35) Examen oficial de electrotecnia

1. Una línea eléctrica de 150 m de longitud, está formada por dos conductores de cobre de 6 mm^2 de sección. La resistividad del cobre es de 0,018Ω×mm/m:
¿Qué valor posee la resistencia de la línea?

2. Si por esta línea circula una corriente eléctrica de 10 A de intensidad. ¿Qué tensión debe existir al principio de la línea para que la tensión al final de la misma sea de 230 V?

3. Al realizar un ensayo en cortocircuito a un transformador monofásico de 50 KVA, tensiones 1000/230 V es necesario aplicar al lado de alta tensión una tensión de 40 V para que por el primario circule la corriente nominal. Si la potencia absorbida en el ensayo es de 1320 W.
¿Las corrientes nominales del primario y del secundario efectuados sus cálculos son?
¿La tensión de cortocircuito porcentual y sus componentes es?

¿La intensidad de cortocircuito accidental del transformador es?

¿El rendimiento a plena carga y Cos ϕ = 0,8 sí las pérdidas en vacío son de 125 W es?

4. Se dispone de un motor asíncrono trifásico de 220/380 V tipo C180M/4 con las características de esta tabla.

TIPO	Potencia en el eje KW	Velocidad en vacío r.p.m.	Velocidad nominal r.p.m.	Rendimiento %	Factor de potencia	Intensidad de arranque Ia/In	Par de arranque Ma/Mn
C180M/4	18,50	1500	1460	90	0,83	6,0	2,3

¿El valor de la intensidad cuando el motor trabaje a plena carga y el valor de la corriente de arranque en una red trifásica con una tensión compuesta de 220 V es?

¿El valor del par nominal y del par de arranque es?

5. Una línea trifásica de 400 V eficaces, 50 Hz, alimenta un pequeño taller que tiene conectados los siguientes elementos:

Un motor trifásico de 10 CV (1 CV= 736 W) con un Cos ϕ = 0,7 (inductivo) y rendimiento igual a 0,8.

Tres motores monofásicos iguales de 2 KW, 400 V, Cos ϕ = 0,75 (inductivo) y rendimiento igual a 0,85 cada uno, conectados de forma equilibrada entre fases. 30 lámparas de vapor de mercurio de 250 W, 230 V, cosϕ=0,6 cada una, conectadas equitativamente entre cada fase y neutro.

Calcule:

¿La potencia activa total absorbida por la instalación y el factor de potencia total (P, Cos φ) es?

¿La capacidad por fase de la batería de condensadores conectados en estrella necesaria para mejorar el factor de potencia a 0,95 (inductivo) es?

¿La intensidad que circula por la línea que alimenta la instalación, antes y después de mejorar el factor de potencia es?

Instalaciones automatizadas en viviendas y edificios

1. Las instalaciones automatizadas en viviendas se denominan instalaciones domóticas. Las instalaciones automatizadas aplicadas a edificios se denominan:

   a) Urbótica.

   b) Macromática.

   c) Inmótica.

2. Si deseamos aplicar una seguridad técnica para el control de fugas de agua y el elemento sensor es NC, ¿Cómo deberá ser la electroválvula?

a) Normalmente abierta.

b) Debe ser necesariamente de tres vías.

c) También normalmente cerrada.

3. Referido a comunicaciones ¿Qué es una pasarela residencial?

a) Es el medio físico por el que se transmiten las comunicaciones, capa 1 del modelo OSI.

b) Es el dispositivo que sirve de enlace entre las redes exteriores e interior.

c) Es la red de datos interna de la vivienda.

4. Un sistema se considera domótico cuando es capaz de gestionar la energía, seguridad, confort y:

a) La iluminación.

b) Los circuitos prioritarios.

c) Las comunicaciones.

5. ¿A que se denomina magnitud analógica?

a) Aquella que puede presentar más de dos valores diferentes medibles.

b) Aquella que cuyo valor es impredecible.

c) Aquella que cuyo valor presenta semejanza y por lo tanto permiten la comparación de dos o más señales.

6. Los sistemas de corrientes portadoras basados en X-10 necesitan un filtro bloqueador de frecuencia para limitar la actuación de los dispositivos.

a) Cierto.

b) No es cierto ya que impediría el correcto funcionamiento de la instalación.

c) No es cierto, en este sistema domótico no se utilizan filtros.

7. Una de las principales ventajas de los dispositivos de un sistema domótico basado en las corrientes portadoras X-10 es que no presentan atenuación alguna de la señal de control.

a) Correcto, ya que al utilizar la corriente eléctrica no presenta los inconvenientes de otros sistemas domóticos.

b) Correcto, la singularidad del sistema por el método empleado, es decir, situar la señal después del paso por cero de la corriente eléctrica evita la pérdida de señal.

c) Incorrecto, la atenuación presentada pude dar lugar a la necesidad de utilizar amplificadores.

8. El sistema de automatización por corrientes portadoras:

a) Es un sistema centralizado.

b) Es un sistema descentralizado.

c) Es un sistema semi-centralizado.

9. El sistema de automatización por corrientes portadoras X-10 ¿Cómo se envía un "1" lógico?:

a) Con una señal de 120 Khz. en el semiperiodo positivo, después del paso por cero, de la red eléctrica.

b) Con una señal de +5 V. en el bus de comunicaciones.

c) Con una señal de +24 V. en el bus de comunicaciones.

10. ¿Cuántos dispositivos diferentes con un mismo código doméstico se pueden controlar en los sistemas de corrientes portadoras X-10?

a) 16

b) 256

c) 128

11. ¿A que se denomina activación por flancos en un controlador programable?

a) Al estado de una entrada que se activa de forma temporizada.

b) A la activación de una entrada de forma intermitente.

c) A la transición de 0 a 1 o de 1 a 0 de una determinada entrada.

12. En los controladores programables de pequeño y mediano tamaño, los programas de usuario suelen introducirse en memorias EEPROM ¿Cuáles son sus características?

a) Se pueden leer y escribir pero no mantienen la información en caso de fallo de alimentación.

b) Se pueden leer y escribir y mantienen la información en caso de fallo de alimentación.

c) Se pueden leer pero no escribir y mantienen la información en caso de fallo de alimentación.

13. Se le llama ciclo de scan:

a) A la lectura de entradas, gestión de periféricos, ejecución del programa y finalmente a la activación de salidas.

b) A la multiplexación de diferentes transductores, permitiendo la utilización de una única entrada analógica.

c) Al programa inicial que se ejecuta al encender el autómata o al retornar de un corte de alimentación.

14. ¿Qué se quiere decir cuando una entrada está optoacoplada?

a) Que la entrada dispone de una conexión altamente fiable.

b) Que la entrada dispone de varios puntos de conexión para posibles derivaciones.

c) Que se ha dispuesto una separación galvánica entre el circuito lógico (autómata) y los circuitos de potencia (proceso).

15. Cuando un autómata está en modo RUN:

a) El programa está detenido.

b) El programa se está ejecutando.

c) El autómata está en modo de programación.

16. En un sistema Bus KNX/EIB ¿Cuántos bits designan la dirección física de un componente?

 a) 8 bits.

 b) 16 bits.

 c) 14 bits.

17. ¿Cuál es la velocidad de transmisión en un sistema Bus KNX/EIB?

 a) 9600 bits/seg.

 b) 115200 bits/seg.

 c) 10 Mbits/seg.

18. ¿Cuál es el elemento principal de la tecnología LonWork?

 a) Microcontrolador 16F84

 b) Neuron chip

 c) Microprocesador I

19. ¿Qué símbolo representa la figura en un sistema Bus KNX/EIB?

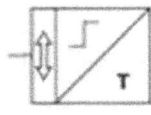

 a) Temporizador

 b) Convertidor digital/analógico

c) Sensor de temperatura. Termostato

20. ¿Cómo se le denomina a un elemento que va colocado sobre carril DIN en un sistema Bus KNX/EIB?

    a) REG

    b) Up

    c) Ap

Cuestiones

1. Referido al control de gestión de la energía en domótica ¿En qué consiste el control selectivo de cargas?

Explíquelo brevemente en 10 líneas como máximo.

2. ¿A qué área de aplicación de la domótica corresponde la simulación de presencia y cuál es su función?

Explíquelo en 10 líneas como máximo.

3. La figura representa parte de la trama de transmisión de un telegrama por corrientes portadoras X-10.

Indicar a la derecha cómo se denominan los códigos que se envían en cada grupo de datos.

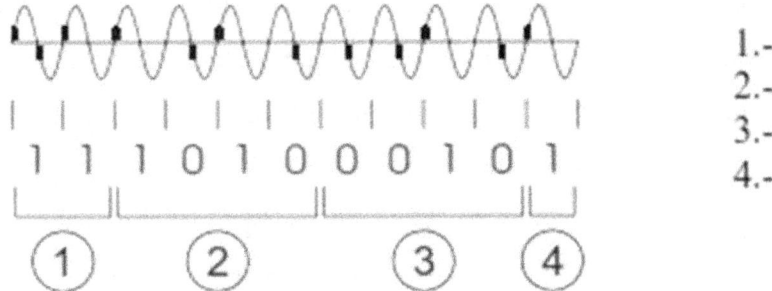

1.-
2.-
3.-
4.-

4. La norma UNE-EN 611131-3 (IEC-1131-3) define cinco posibles lenguajes de programación para los controladores lógicos programables.

Indicar en la tabla adjunta su denominación, su definición y un ejemplo de programación básico.

Denominación	Definición	Ejemplo

5. La figura representa un componente típico de Bus KNX/EIB. A la derecha están las partes que lo componen. Situar el número correspondiente en los círculos de la figura.

BUS   COMPONENTE

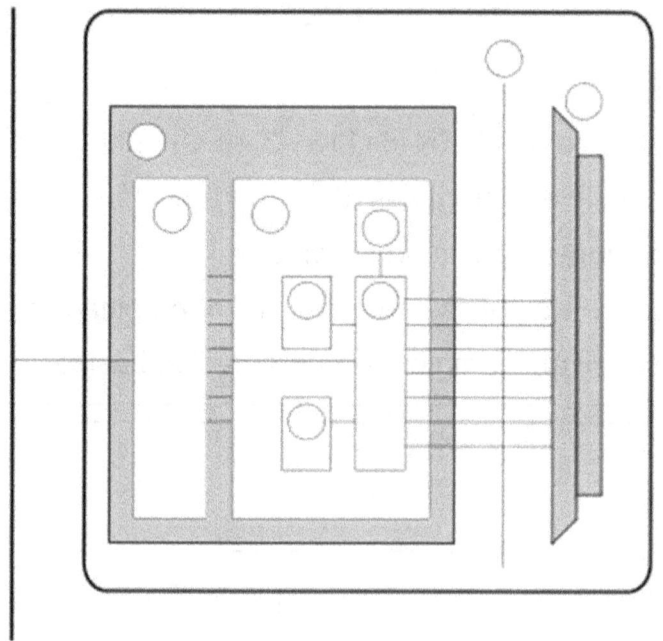

1.- BA   Acoplador al bus
2.- AST   Interface de aplicación
3.- BE   Aparato final bus
4.- UEM   Módulo de transmisión
5.- BAK   Controlador del enlace
bus
6.- Memoria RAM
7.- Memoria ROM
8.- Memoria EEPROM
9.- Microprocesador

Ejercicio práctico

1. El plano IAV-08 EJP 1 representa los componentes necesarios para la realización del circuito de encendido, apagado y regulación de un punto de luz mediante corrientes portadoras X-10.

Realizar las conexiones necesarias entre componentes para el correcto funcionamiento del circuito.

Tener en cuenta las respectivas protecciones de los diferentes circuitos y filtros necesarios.

Se utilizarán los siguientes colores:

El color NEGRO para el conductor de fase.

El color AZUL para el conductor de neutro.

El color VERDE para el conductor de protección.

2.- El plano IAV-08 EJP 2 representa los componentes necesarios para la realización del circuito de control de una persiana mediante controlador programable SimonVIS.

Realizar las conexiones necesarias entre componentes para el correcto funcionamiento del circuito.

Tener en cuenta las respectivas protecciones de los diferentes circuitos.

Se utilizarán los siguientes colores:

El color NEGRO y MARRON para el conductor de fase.

El color AZUL para el conductor de neutro.

El color VERDE para el conductor de protección.

El color ROJO para el conductor de +24V CC.

El color NEGRO para el conductor de 0V CC.

El color VERDE para el conductor de bus Data.

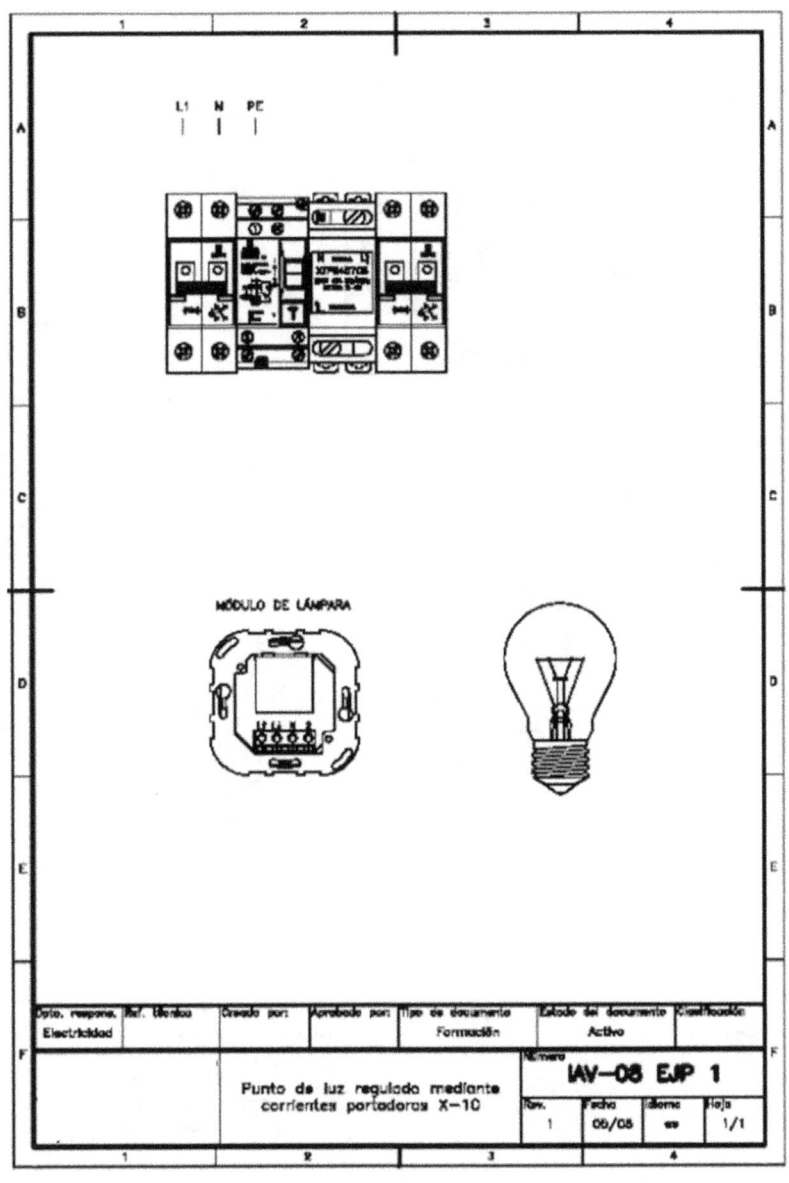

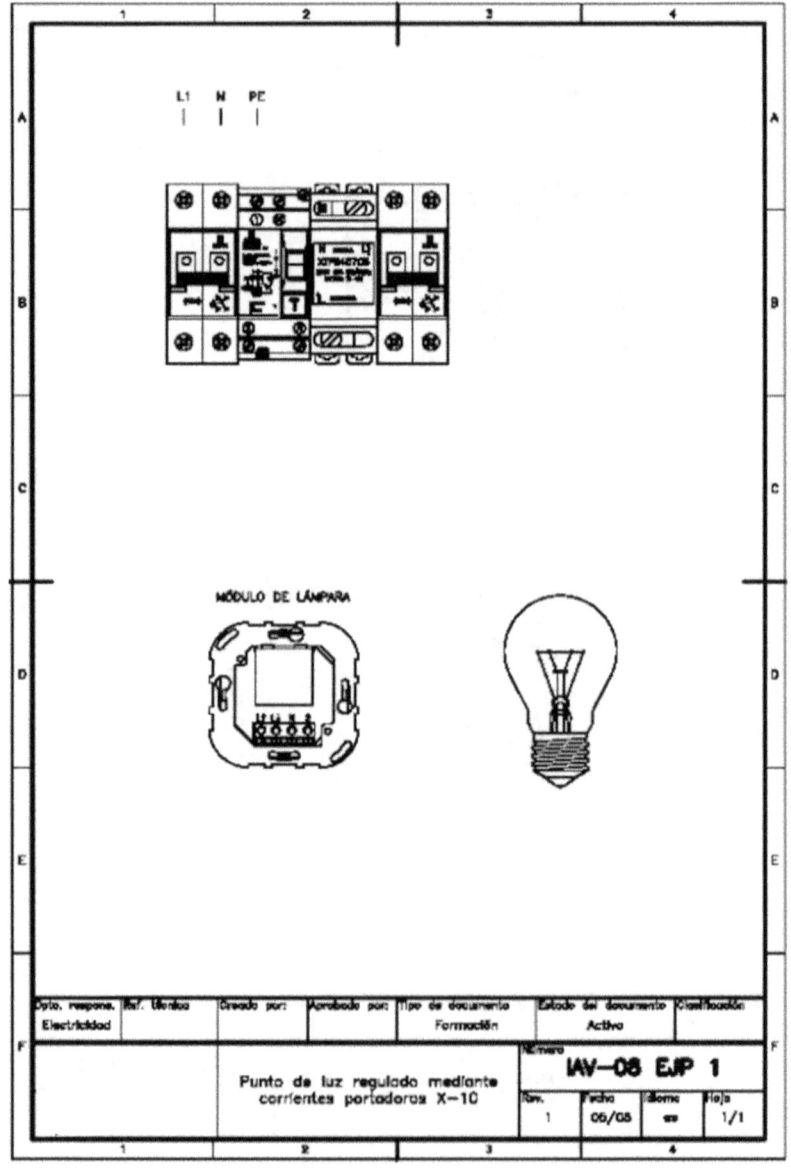

MÓDULO DE LÁMPARA

Dpto. respons. Electricidad	Ref. técnica	Creado por:	Aprobado por:	Tipo de documento Formación		Estado del documento Activo	Clasificación

Punto de luz regulado mediante corrientes portadoras X-10

Número **IAV-08 EJP 1**

Rev. 1	Fecha 06/08	Idioma es	Hoja 1/1

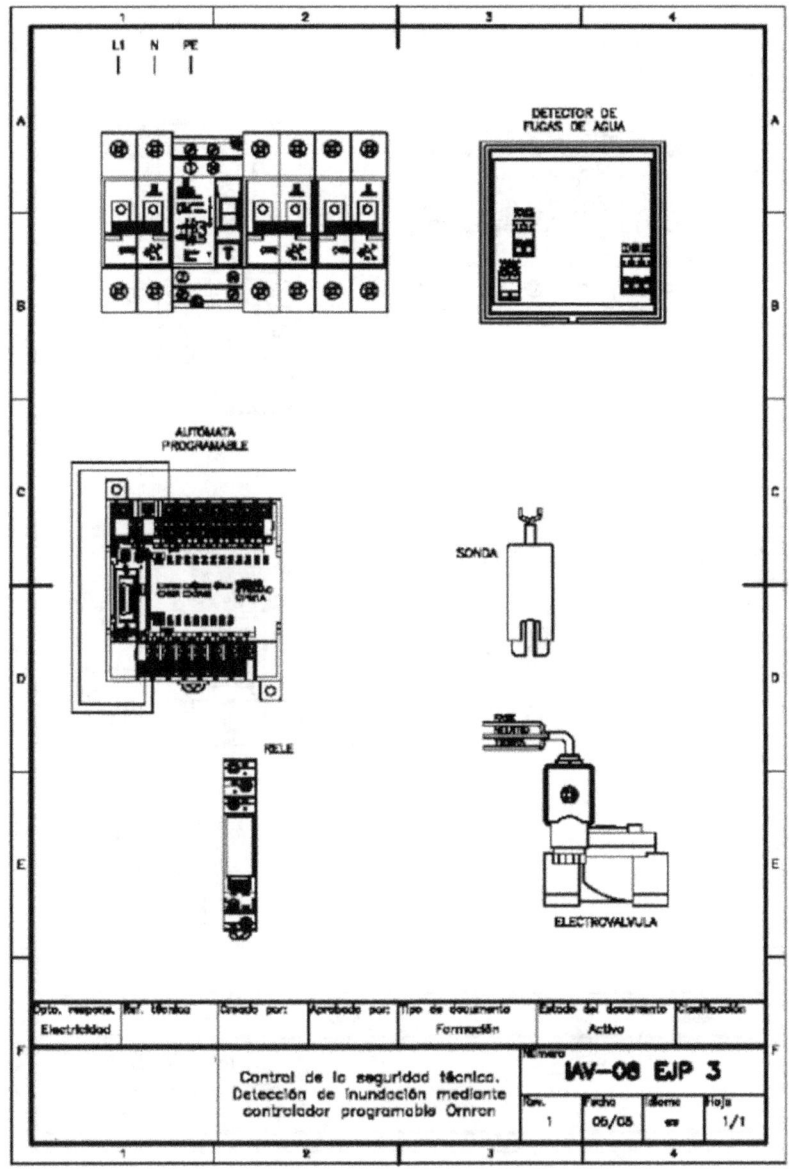

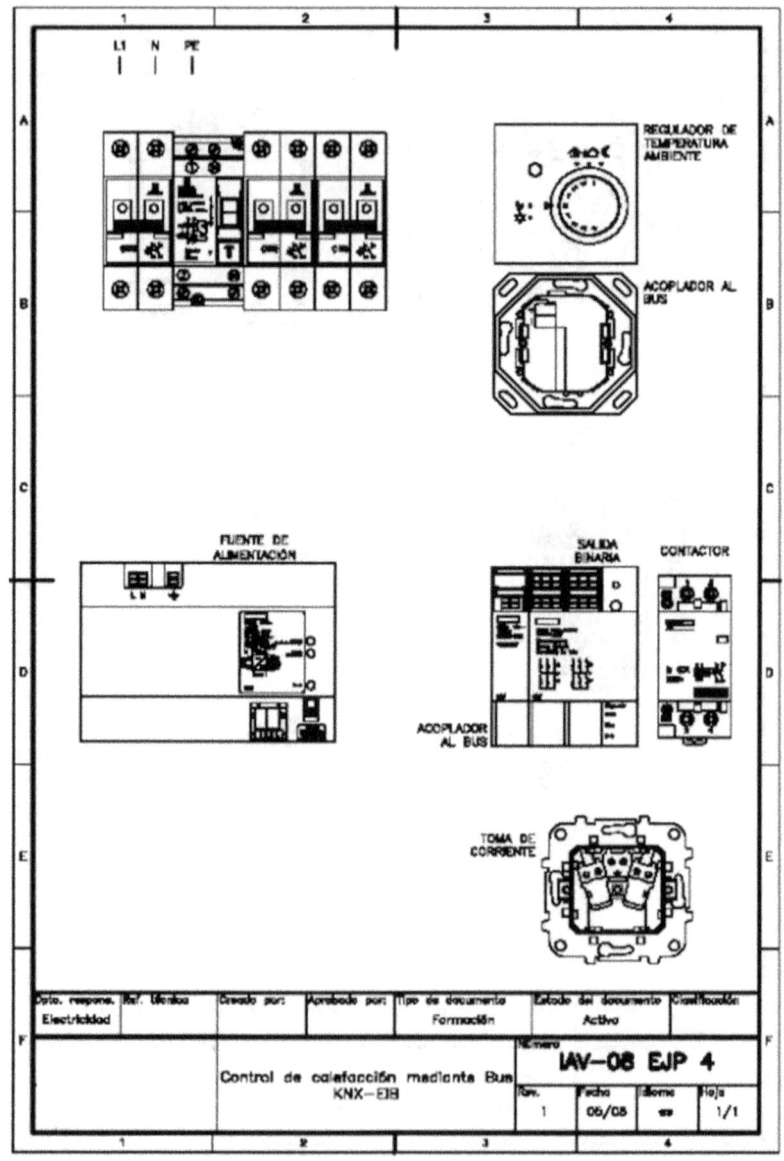

Control de calefacción mediante Bus KNX—EIB

IAV-08 EJP 4

Instalaciones eléctricas de interior

1. Identifica el símbolo colocando su nombre:

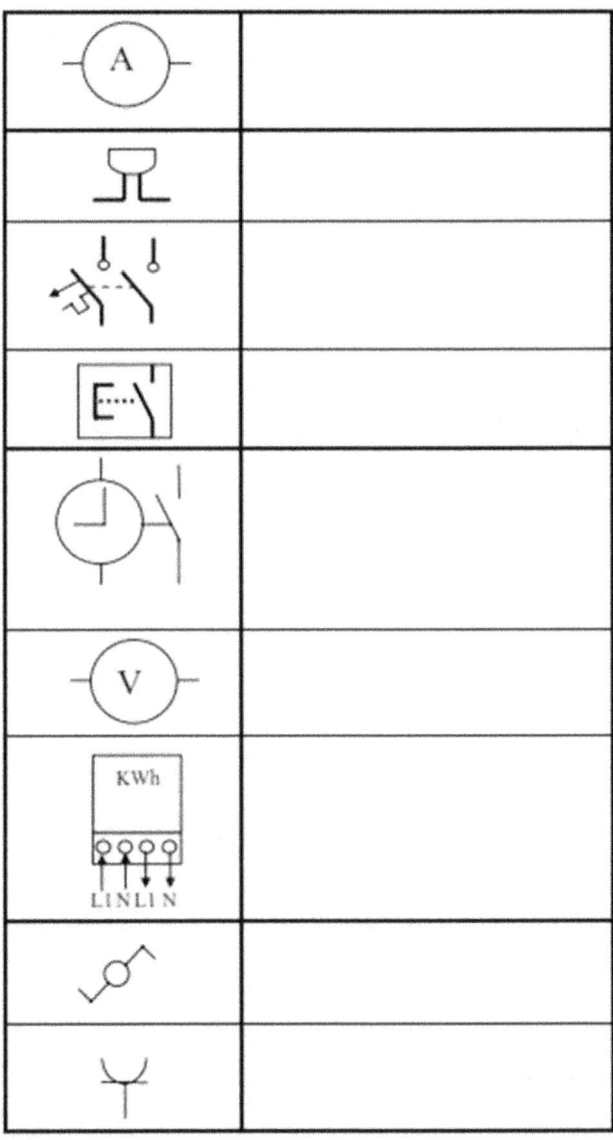

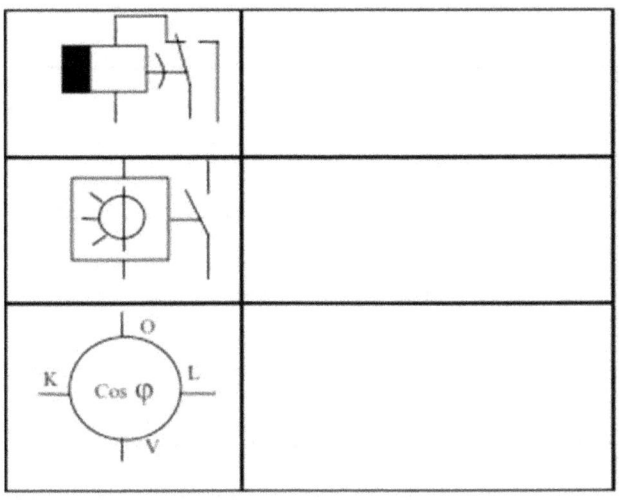

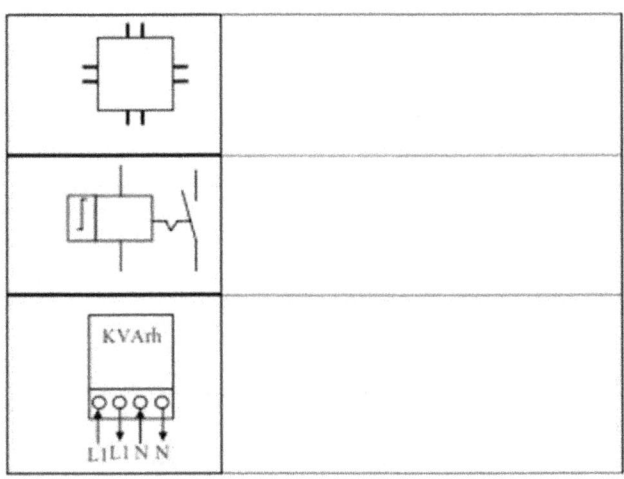

2. Colocar el nombre de la Sigla correspondiente:

I.G.A.	
U.N.E.	
D.I.	
C.G.M.	
L.R.	
C.C.	

C.G.P.	
D.G.M.P.	
N.T.E.	
I.D.	
L.G.A.	
I.C.P.	

3. Completa la siguiente tabla con todos sus valores de los circuitos de interior:

Circuito Interior	DENOMINACIÓN	PIA	Sección Hilo	Diámetro Tubo
C1				
C2				
C3				
C4				
C4a				
C4b				
C4c				
C5				
C6				
C7				
C8				
C9				
C10				
C11				
C12				

4. ¿Cuáles son los medios técnicos mínimos requeridos para los instaladores autorizados en baja tensión, en la categoría básica?

➤
➤
➤
➤
➤
➤
➤
➤
➤
➤

5. ¿Con qué colores se diferencian los aislantes de los conductores utilizados en las instalaciones eléctricas de interior, y que conductor llevan?

COLOR DE AISLANTE	CONDUCTOR ELÉCTRICO
➤	➤
➤	➤
➤	➤
➤	➤
➤	➤

¿Qué factores influyen en la resistividad de un terreno, a la hora de analizar la toma de tierra?

➤
➤
➤
➤
➤
➤
➤

De acuerdo con el RBT y la Normas Tecnológicas de la Edificación, ¿Qué instalaciones, estructuras y elementos de un edificio se han de conectar a la tierra de un edificio?:

➤
➤
➤
➤
➤

Preguntas de respuesta rápida:

Pregunta	Respuesta
¿Para el calculo de secciones eléctricas, se ha de considerar un factor para la corrección de la potencia que será de … en motores de elevación y transporte?	
¿La caída de tensión en el arranque de un motor de elevación, no será superior al?	
¿Cuál ha de ser la sección mínima del conductor de tierra no protegido contra la corrosión, si es de cobre?	
¿Para el calculo de secciones eléctricas, se ha de considerar un factor para la corrección de la potencia que será de … en lámparas de descarga?	

Pregunta	Respuesta
¿De que nos protege el I.D.?	
¿Cuántos lux ha de tener el alumbrado de emergencia en… evacuación?	
¿Cuál ha de ser la sección mínima del conductor de tierra no protegido contra la corrosión, si es de hierro?	
¿Cual será la sección mínima del hilo de toma de tierra?	
¿Cuál ha de ser la previsión mínima de potencia para una vivienda con grado de electrificación básico?	
¿Cuál ha de ser la previsión de potencia para un local comercial?	
¿De que nos protege el P.I.A.?	
¿Cuántos lux ha de tener el alumbrado de emergencia en… ambiente o antipánico?	
¿Cuál ha de ser la previsión de potencia para un edificio industrial?	
¿En instalaciones de muy baja tensión, la caída de tensión desde la fuente de alimentación y los puntos de utilización de alumbrado no será superior al?	
¿Para el calculo de secciones eléctricas, se ha de considerar un factor para la corrección de la potencia que será de … en motores solos?	
¿Cuántos lux ha de tener el alumbrado de emergencia en… alto riesgo?	
¿Cuál ha de ser la previsión mínima de potencia para una vivienda con grado de electrificación elevado?	

Calculo de una sección

1. Calcula la sección real y comercial, que ha de tener un conductor de cobre (ρ = 0.0178) de 220 metros de longitud, si queremos que la resistencia total del mismo no sea superior a 2 ohmios.

Calculo de un circuito eléctrico

1. En un circuito eléctrico, formado por tres lámparas, con las siguientes características: E1 = 220V / 40W E2 = 220V/ 60W E3 = 220V / 25W. E1 y E2 están en conexión serie y E3 en conexión paralelo con las anteriores. Calcula las tensiones, intensidades y resistencias parciales y totales, sabiendo que el circuito esta alimentado con una tensión de 230V.

2. Tomando como base el Reglamento Electrotécnico de Baja Tensión, realiza las cajas de derivación y conexiones donde se centralizan todos los mecanismos y luminarias de las siguientes dependencias de una vivienda con grado de electrificación básica, sin previsión de aire acondicionado o calefacción. Colocando el nombre de los cables y el elemento al que van destinados.

Esquema caja de conexiones nº 0

Ejemplo: "Pasillo" (con un solo punto de luz, mandado desde un solo punto y toma de corriente)

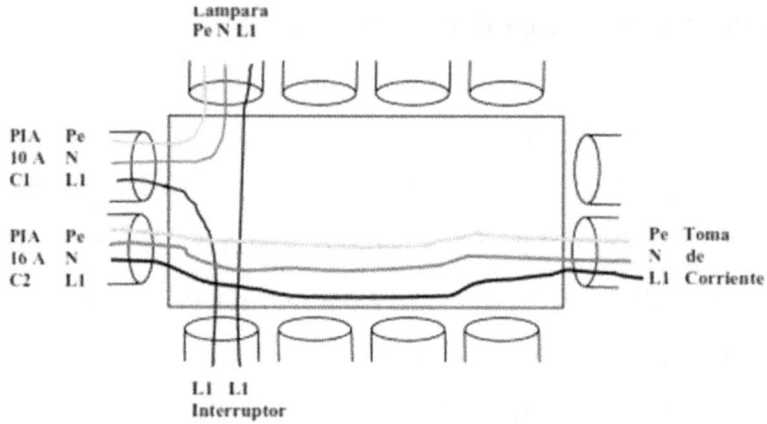

Esquema caja de conexiones nº 1

"Acceso más vestíbulo"

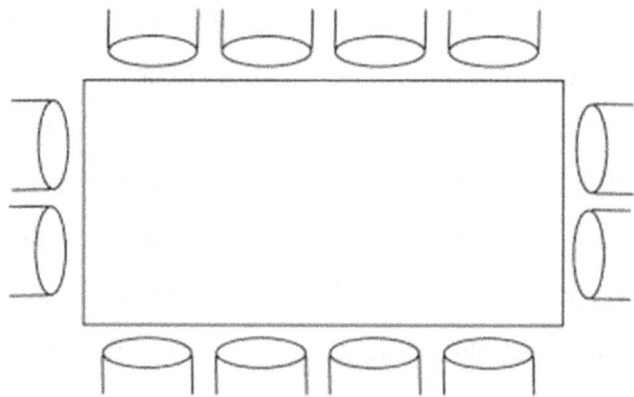

Esquema caja de conexiones nº 2

"Habitación o dormitorio" (puntos de luz conmutados desde tres posiciones, dormitorio de 15 m).

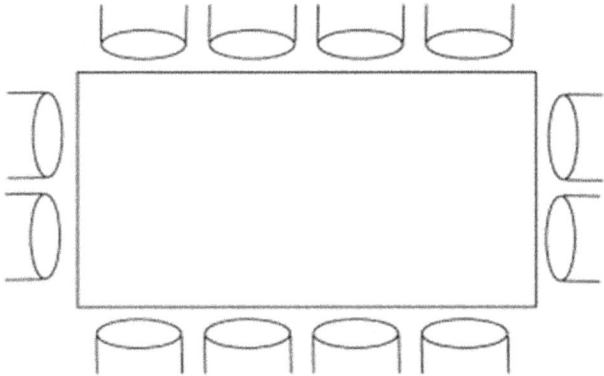

Esquema caja de conexiones nº 3

"Baño"

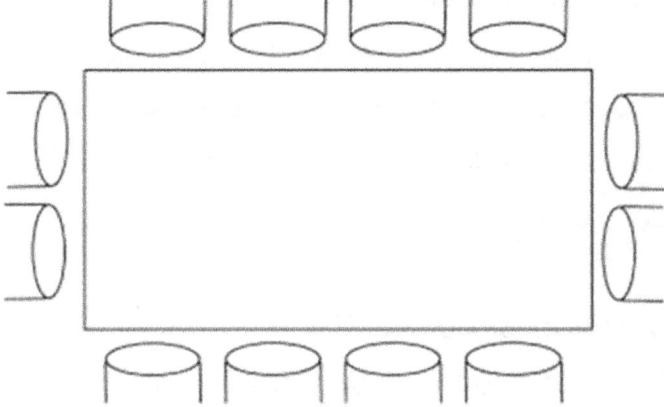

Esquema caja de conexiones nº 4

"Montaje de la instalación de un automático de escalera, mandado desde dos puntos y que active dos puntos de luz".

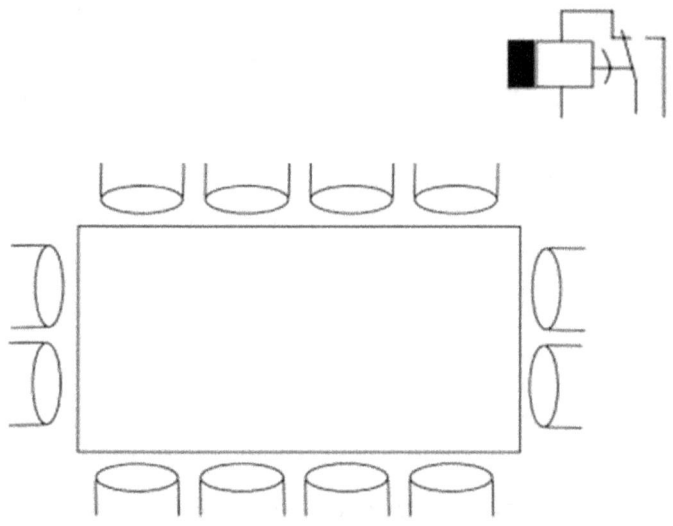

Esquemas eléctricos multifilares

Estos esquemas se realizan utilizando los símbolos de la página 2, o los que se desee, siempre que se haga una leyenda con los nombres de los mismos al pie del ejercicio.

Esquemas eléctrico multifilar nº 1

"Caja General de Protección" (Desdoblando el Circuito C4, colocando las características de los mecanismos de protección, sección de hilo, diámetro de tubo y nombre de los hilos eléctricos).

Esquemas eléctrico multifilar nº 2
"Encendido de dos tubos fluorescentes de 20W, con reactancias de 20W" (con la actuación simultanea de un interruptor horario y un detector crepuscular).

Esquemas eléctrico multifilar nº 3
"Necesito encender tres lámparas de 230V/40W" (mandadas desde cuatro puntos, con la utilización de un Telerruptor).

Mantenimiento de máquinas eléctricas
1. La constitución general de una maquina eléctrica puede ser examinada desde dos puntos de vista diferentes. El electromagnético y el mecánico. Desde el punto de vista electromagnético toda máquina eléctrica está provista de:

a/ Un circuito eléctrico y dos conjuntos magnéticos.

b/ Un conjunto magnético y dos circuitos eléctricos.

c/ Dos conjuntos magnéticos, Inducido e Inductor y un conjunto eléctrico.

2. El número total de polos de una máquina se designa por:

    a/ 2/p

    b/ p/2

    c/ 2p

3. En toda máquina existen unas pérdidas de energía. Como consecuencia tenemos

    a/ Que la potencia absorbida por la máquina es siempre menor que la potencia útil.

    b/ Que la potencia útil de la máquina es siempre menor que la potencia absorbida.

    c/ Que la potencia absorbida por la máquina es igual a la potencia útil.

4. Cuando una máquina trabaja exactamente a la potencia nominal, se dice que funciona

    a/ A plena carga.

    b/ A sobre carga.

    c/ En régimen de funcionamiento.

5. Se entiende por rendimiento de una máquina la relación que existe entre:

    a/ La potencia absorbida y la potencia útil (Pa/Pu).

b/ La potencia absorbida menos la potencia útil (Pa-Pu).

c/ La potencia útil y la potencia absorbida (Pu/Pa).

6. Recibe el nombre de dinamo:

a/ Un generador eléctrico que transforma energía eléctrica que recibe por sus bornes en energía eléctrica que suministra por su eje.

b/ Un generador eléctrico que transforma energía mecánica que recibe por su eje en energía mecánica que suministra por sus bornes.

c/ Un generador eléctrico que transforma energía mecánica que recibe por su eje en energía eléctrica que suministra por sus bornes.

7. Se da el nombre de paso de ranura al número de ranuras que es preciso saltar para ir:

a/ Desde un lado activo de una bobina, hasta el otro lado activo de esa misma bobina.

b/ Desde un lado activo de una bobina, hasta el otro lado activo de la siguiente bobina.

c/ Desde un lado activo de una bobina, hasta el otro lado activo de la bobina anterior.

8. Los bobinados de inducido de las máquinas de corriente continua pueden ser de dos clases:

a/ Cerrados y abiertos.

b/ Imbricados y ondulados.

c/ Triangulares y en estrella.

9. El bobinado inductor principal de una dinamo está constituido por las bobinas dispuestas en:

a/ Los polos de conmutación.

b/ Los polos auxiliares.

c/ Los polos principales.

10. En un motor de corriente continua la velocidad del rotor es:

a/ Directamente proporcional a la fuerza contraelectromotriz generada en el bobinado inducido e inversamente proporcional al valor del flujo útil que recorre la armadura del rotor.

b/ Directamente proporcional a la fuerza electromotriz generada en el bobinado inducido e inversamente proporcional al valor del flujo útil que recorre la armadura del rotor.

c/ Inversamente proporcional a la fuerza contraelectromotriz generada en el bobinado inducido y directamente proporcional al valor del flujo útil que recorre la armadura del rotor.

11. El par de arranque y la estabilidad de marcha del motor de corriente continua compound aditivo, cuales son:

a/ Tener un buen par de arranque pero presenta el peligro de embalarse cuando disminuye mucho la carga resistente.

b/ Tener un buen par de arranque pero presenta el peligro de calentarse excesivamente el bobinado si disminuye mucho la carga resistente.

c/ Tener un buen par de arranque y no presentar peligro de embalarse cuando disminuye mucho la carga resistente.

12. Para el cambio del sentido de giro de un motor de corriente continua es necesario invertir:

a/ El sentido de la corriente en ambos circuitos eléctricos del motor.

b/ El sentido de la corriente de dos fases del motor.

c/ El sentido de la corriente en uno de los circuitos del motor.

13. Se aplica el nombre de motor asíncrono:

a/ Al motor de corriente alterna cuya parte móvil (rotor) gira a una velocidad diferente de la síncrona.

b/ Al motor de corriente alterna cuya parte móvil (rotor) gira a la misma velocidad síncrona.

c/ Al motor de corriente alterna cuya parte móvil (rotor) gira a una velocidad 2P/2 de la síncrona.

14. Los motores monofásicos presentan cierta analogía con los polifásicos, pero su rendimiento y factor de potencia son:

a/ Inferiores a los polifásicos.

b/ Iguales a los polifásicos.

c/ Superiores a los polifásicos.

15. Los transformadores estáticos son máquinas eléctricas que permiten modificar ciertos factores como son:

a/ Potencia, Intensidad, Frecuencia.

b/ Tensión, Frecuencia, Intensidad.

c/ Intensidad, Tensión, Potencia.

16. En un transformador que el primario tiene menos espiras que el secundario, se trata de un transformador:

a/ Reductor.

b/ Elevador.

c/ Ni elevador ni reductor.

17. En un transformador reductor el valor de la relación de transformación es:

a/ Mayor que la unidad.

b/ Menor que la unidad.

c/ Igual que la unidad.

18. La relación de transformación de un transformador, es decir, la relación de los números de espiras de los bobinados primario y secundario coincide con la relación de los valores de las respectivas fuerzas electromotrices.

a/ No tiene relación.

b/ Tendría relación si la f.e.m. se cambiara por la frecuencia.

c/ Si tiene relación.

19. Indicar cuál es la afirmación correcta:

a/ Un transformador posee:1 bobinado que se arrolla sobre un núcleo magnético.

b/ Un transformador posee: 2 bobinados uno primario y otro secundario, que se arrollan sobre un núcleo de hierro, lo que hace que ambos estén acoplados magnéticamente.

c/ Un transformador posee: 2 bobinados uno primario y otro secundario, que se arrollan sobre un núcleo de hierro, lo que hace que ambos estén acoplados eléctricamente.

20. En un autotransformador se da el nombre de Potencia propia a:

a/ A la potencia aparente transmitida por intermedio del flujo común desde el circuito primario al secundario.

b/ A la potencia aparente cedida al circuito de utilización a través de los bornes secundarios.

c/ A la potencia activa cedida al circuito de utilización a través de los bornes secundarios.

21. La tensión en bornas de un generador tiene un valor:

a/ Mayor al producto del valor de la resistencia exterior del circuito de utilización multiplicado por la intensidad de corriente que lo recorre.

b/ Menor al producto del valor de la resistencia exterior del circuito de utilización multiplicado por la intensidad de corriente que lo recorre.

c/ Igual al producto del valor de la resistencia exterior del circuito de utilización multiplicado por la intensidad de corriente que lo recorre.

22. La fuerza contraelectromotriz de un receptor tiene un valor que se determina:

a/ Restando de la tensión en bornas la caída de tensión interior.

b/ Sumando a la tensión en bornas la caída de tensión interior.

c/ Restando de la tensión en bornas la caída de tensión exterior.

23. Se da el nombre de flujo magnético a la cantidad de:

a/ Líneas de fuerza totales de un circuito magnético.

b/ Líneas de fuerza que atraviesan un circuito magnético.

c/ Líneas de fuerza que se oponen al circuito magnético por centímetro.

24. En las bobinas de los bobinados se distinguen los lados y las cabezas. ¿Qué parte de la bobina corta las líneas de fuerza?

a/ Solamente las cabezas.

b/ Toda la bobina (cabezas y lados).

c/ Solamente los lados.

25. Los dos lados activos de una bobina deben estar situados simultáneamente:

a/ Bajo polos del mismo nombre.

b/ Bajo polos de nombre contrario.

c/ Indistintamente bajo cualquier polo.

26. Se designa con el nombre de "paso polar" en un bobinado a:

a/ La distancia que existe entre los ejes de los polos (Norte).

b/ La distancia que existe entre los ejes de los polos (Sur).

c/ La distancia que existe entre los ejes de dos polos consecutivos.

27. En un alternador el valor de la frecuencia depende de:

a/ La velocidad de giro del bobinado inducido y del número de conjuntos de bobinas de la máquina.

b/ La velocidad de giro del bobinado inducido y del número de polos de la máquina.

c/ La velocidad de giro del bobinado inducido y del número de bobinas de la máquina.

28. Se dice que un bobinado es "por polos" cuando:

a/ Cuando por cada fase hay tantos grupos de bobinas como número de polos.

b/ Cuando por cada fase hay tantos grupos de bobinas como pares de polos.

c/ Cuando por cada fase hay tantos grupos de bobinas como la mitad de pares de polos.

29. En un bobinado concéntrico se conoce con el nombre de "amplitud de grupo" el:

a/ Número de ranuras que ocupan los lados activos de dicho grupo.

b/ Número de ranuras que ocupa dicho grupo.

c/ Número de ranuras que se encuentran en el interior de dicho grupo.

30. En los bobinados de dos capas, el número de bobinas será:

a/ K/2.

b/ B/K.

c/ B=K.

31. La tensión en bornes de una máquina de corriente alterna es:

a/ Directamente proporcional al número de espiras en serie por fase y a la frecuencia de la corriente.

b/ Inversamente proporcional al número de espiras en serie por fase y a la frecuencia de la corriente.

c/ Inversamente proporcional al número de espiras en serie por fase e igual a la frecuencia de la corriente.

32. La mayor o menor dificultad que presenta un circuito magnético al paso de las líneas de fuerza se llama:

a/ Remanencia.

b/ Reactancia.

c/ Reluctancia.

33. La unidad en el Sistema Internacional de Flujo magnético se denomina:

a/ Maxwell.

b/ Weber.

c/ Gauss.

34. Un transformador que posee las siguientes características: Número de espiras del secundario 1000, Tensión nominal del secundario 10.000 V e Intensidad de la corriente nominal del secundario 50 A. le corresponde una potencia nominal de:

a/ 500 kVA

b/ 500 MVA

c/ 500 VA

35. Un transformador reductor de 380/127 proporciona energía a un motor monofásico de 3 kW, 127 V, Cos φ = 0,71. Suponiendo la corriente de vació y las pérdidas despreciables, la intensidad del secundario valdría:

a/ 33, 27 A

b/ 23,62 A

c/ 16,77 A

36. Indicar cuál es la afirmación correcta:

a/ Las pérdidas en el cobre de un transformador: No pueden ser deducidas a través de un vatímetro.

b/ Las pérdidas en el cobre de un transformador. Pueden ser deducidas a través de un vatímetro.

c/ Las pérdidas en el cobre de un transformador. Sólo pueden ser deducidas a través de un vatímetro digital, debido al escaso valor de estas.

37. Indicar cuál es la afirmación correcta:

a/ El rendimiento del transformador será máximo, cuando las pérdidas del cobre sean iguales que las del hierro.

b/ El rendimiento del transformador será máximo, cuando las pérdidas del cobre sean menores que las del hierro.

c/ El rendimiento del transformador será máximo, cuando las pérdidas del cobre sean mayores que las del hierro.

38. Las máquinas que más se utilizan en el campo de la producción de la energía eléctrica industrial, son:

    a/ Los transformadores.

    b/ Los motores.

    c/ Los alternadores.

39. En los motores asíncronos de inducción, el valor de la potencia útil de un motor asíncrono varía en proporción:

    a/ Inversa con el valor de la frecuencia de las corrientes de alimentación.

    b/ Directa con el valor de la frecuencia de las corrientes de alimentación.

    c/ Directa con el valor de la frecuencia e inversa al número de polos.

40. Recibe el nombre de motor universal aquel que puede funcionar indistintamente en corriente continua y en corriente alterna monofásica.

    a/ Falso, su construcción en esencia varía de ser para c/c o c/a.

    b/ Verdadero, su construcción en esencia es igual para c/c o c/a.

    c/ Falso, un motor si funciona con c/c, no puede funcionar con c/a.

41. Calcular y dibujar el esquema correspondiente al bobinado de un motor de corriente alterna trifásico, sabiendo que el número de ranuras del estator es de 24, y el número de polos es de 2. El bobinado es excéntrico, imbricado, y su conexión por polos.

a/ Cálculos:

Se solicita solamente los resultados:

- Nº de bobinas totales.

- Posibilidad de ejecución.

- Nº de grupos de bobinas por fase.

- Nº de grupos de bobinas totales.

- Nº de bobinas por grupo.

- Paso polar.

- Ancho de bobina.

- Paso de principios.

- Tabla de principios.

Para puntuar deberán coincidir estos resultados con el dibujo, del esquema, del bobinado.

b/ Esquema del bobinado.

Disco de fórmulas eléctricas

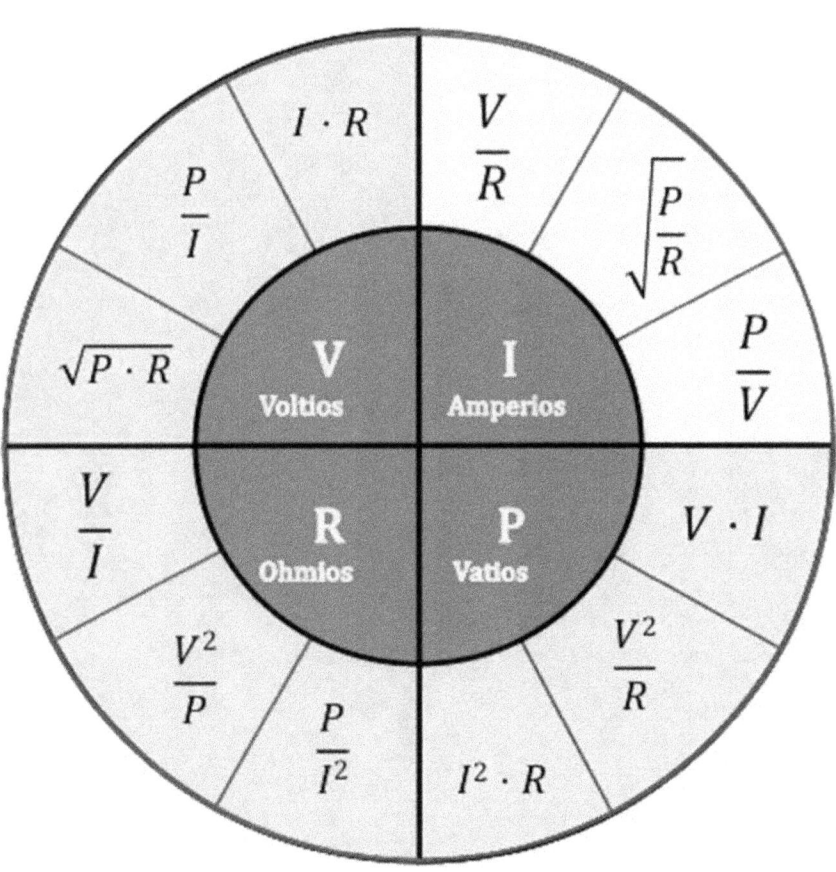

Manual de
AUTOEVALUACIÓN
Electrotecnia
Exámenes, problemas, prácticos y test

Ing. Miguel D'Addario

Primera edición
2017
CE